U0432563

健康城市街区空间形态设计与优化策略

Design and Optimization Strategies for Urban Block Spatial Form

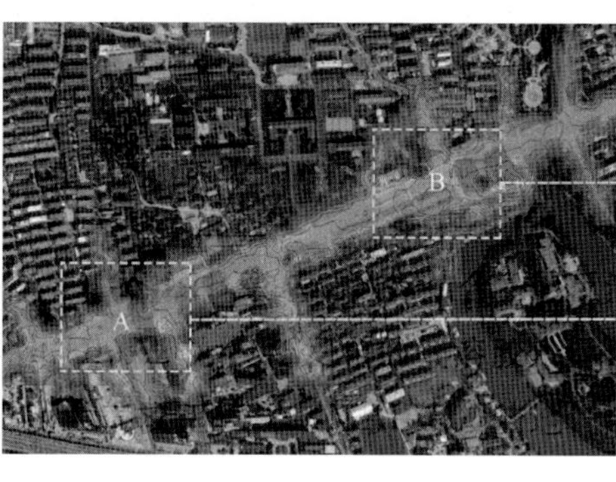

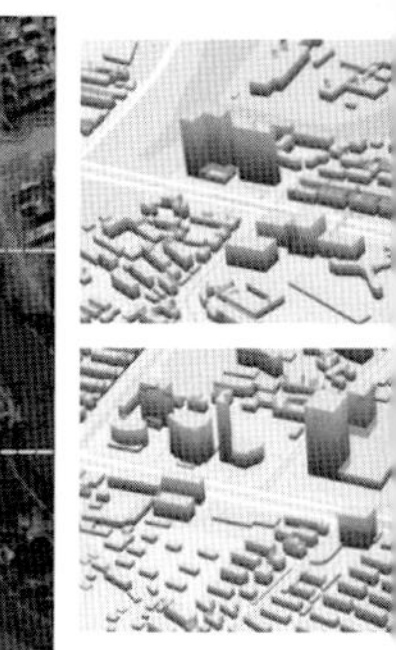

王 薇 潘 辉 代萌萌 著

国家自然科学基金面上项目：面向病毒气溶胶健康风险防控的公共建筑空间设计研究（52478016）

安徽省自然科学基金面上项目：地铁站域室内外环境 $PM_{2.5}$ 浓度分布和扩散规律及其空间关联性研究（2308085ME182）

東南大學出版社
SOUTHEAST UNIVERSITY PRESS
·南京·

内 容 提 要

极端气候、温室效应、碳排放逐渐成为城市建成环境的关注热点，空气污染更是成为影响我国城市空气质量、居民健康和社会可持续发展的重要因素。本书选取城市街区为研究对象，以细颗粒物为切入点，通过梳理城市街区外部空间形态特征并提取空间设计指标，阐释其外部空间形态与微气候影响下的细颗粒物扩散、分布机理和时空分布特征，揭示了其与外部空间设计指标的关联性。同时，结合理论分析、CFD模拟和实测研究，在街区平面、立面、剖面三个指标上进行设计优化，探索一种有利于推进健康行为和提升空气品质的设计方法，为健康街区空间形态设计方法的创新和高品质人居环境的建立提供新视角。

本书可供广大城市公共空间与健康建筑设计、城乡人居环境评价与管理工作者及相关专业师生参考。

图书在版编目（CIP）数据

健康城市街区空间形态设计与优化策略 / 王薇，潘辉，代萌萌著. —南京：东南大学出版社，2025.3
ISBN 978-7-5766-0989-9

Ⅰ.①健… Ⅱ.①王… ②潘… ③代… Ⅲ.①城市空气污染—研究—中国 ②城市道路—城市规划—研究—中国 Ⅳ.①X51 ②TU984.191

中国国家版本馆 CIP 数据核字（2023）第 224803 号

责任编辑：贺玮玮　责任校对：子雪莲　封面设计：有品堂　责任印制：周荣虎

健康城市街区空间形态设计与优化策略
Jiankang Chengshi Jiequ Kongjian Xingtai Sheji Yu Youhua Celüe

著　　者：王　薇　潘　辉　代萌萌
出版发行：东南大学出版社
出 版 人：白云飞
社　　址：南京四牌楼 2 号　邮编：210096
网　　址：http://www.seupress.com
经　　销：全国各地新华书店
印　　刷：江苏凤凰盐城印刷有限公司
开　　本：787 mm×1092 mm　1/16
印　　张：9.5
字　　数：166 千字
版　　次：2025 年 3 月第 1 版
印　　次：2025 年 3 月第 1 次印刷
书　　号：ISBN 978-7-5766-0989-9
定　　价：89.00 元

前　言

伴随着中国特色现代化的快速推进，针对公共健康问题，我国政府相继出台了《关于开展健康城市与健康村镇建设的实施意见》《"健康中国2030"规划纲要》《关于推进健康乡村建设的指导意见》等一系列居民健康干预指导意见。这些指导意见将保障人民健康置于优先发展的战略位置，全力推动"健康中国"建设，旨在让现代化建设成果更多，更公平地惠及全体百姓。

空气污染严重阻碍了"健康中国"与"美丽中国"的建设步伐，世界卫生组织也将改善城市空气质量列为健康城市的核心标准之一，而健康建成环境则是推动中国特色现代化和经济社会全面绿色转型的关键。街区作为健康城市的主要载体，亟需构建符合当下公共卫生要求的空间形态。全球环境危害来源中，细颗粒物污染是室外环境中最大的健康威胁，对环境和人体健康都造成了根本性的恶劣影响，不仅引发了呼吸道和心血管类疾病，甚至显著增加了居民的早亡风险。在我国经济社会全面绿色转型的关键时期，提升城市空间品质已成为建设健康宜居城市的重要抓手。随着物质生活水平的显著提高，居民对高品质城市空间的需求日益增长。为居民提供安全、健康、便捷、舒适的空间环境，推动城市的健康协调运作，科学把控污染防治，以环境治理助推高质量发展，已成为经济社会全面绿色转型的重要目标之一。

自2010年起，课题组以城市住区为主要研究对象，系统开展环境品质研究。近年来，聚焦于城市新区、城市街区、建筑群等不同尺度及不同功能的区域，持续开展城市公共空间的环境品质研究。研究类型方面，选取了居住型街道、工业型街道、商业型街道、办公型街道等不同功能区；研究尺度方面，涵盖了城市之间、城市新区、城市街道等不同层级；数据采集方面，综合利用卫星遥感、无人机、国控点、地面传感器与手机数据等技术，构建了"空—天—地—人"一体化数据采集与集成体系；研究方法上，融合了多源数据采集建模反演、大数据处理分析测序、深度学习分析辨识应用等多种前沿技术。

依托国家自然科学基金面上项目（51778001、52478016），以及安徽省自然科学基金面上项目（2308085ME182），陆续有17名研究生投入课题组的研究。研究成果是对城市街区空间形态设计与优化的补充与完善，关于空气质量的研究也充实了城市建成环境的实证与应用。研究从设计指标角度提出了城市街区空间形态优化策略，为后期大气细颗粒物精细化治理、城市公共空间环境品质提升及城市街区空间布局优化提供了科学依据与设计参考。

在全体师生的坚持不懈和同心戮力下，课题组的成果一步步走实走深。我们也在研究和实践中教学相长，共同进步。在此，向所有辛勤付出的参与者表示最衷心的感谢！同时，感谢张蕾和夏宇轩两位同学在本书校稿中投入的宝贵精力，感谢东南大学出版社责任编辑贺玮玮老师对本书出版给予的大力支持。愿我们同心同行，为“健康中国”贡献一份力。

2025年3月　合肥

目　录

第一章　绪论 / 1

1.1　研究背景 / 3

1.1.1　中国式现代化建设需向高质量发展 / 3

1.1.2　健康城市成为社会关注热点 / 4

1.1.3　实现经济社会全面绿色转型 / 5

1.2　城市街区空间环境质量现状 / 6

1.3　相关概念界定 / 7

1.3.1　健康城市 / 7

1.3.2　城市街区 / 8

1.3.3　街道峡谷 / 8

1.3.4　细颗粒物 / 9

1.3.5　空间形态 / 10

第二章　城市街区环境的细颗粒物时空分布特征 / 11

2.1　研究区域与范围 / 13

2.1.1　研究区域 / 13

2.1.2　研究范围 / 13

2.2　研究方法与样本选取 / 14

2.2.1　监测时间及仪器 / 14

2.2.2　监测方法 / 15

2.2.3　选点依据 / 16

2.3 滨湖新区环境的细颗粒物浓度变化特征 / 19
2.3.1 反演步骤与核心方法 / 19
2.3.2 数据来源与预处理 / 21
2.3.3 模型建立和验证 / 26
2.3.4 滨湖新区地面 $PM_{2.5}$ 浓度估算 / 30
2.4 街区环境的细颗粒物时空变化特征 / 33
2.4.1 时间变化特征 / 33
2.4.2 空间分布特征 / 38
2.4.3 街区细颗粒物质量浓度与气象条件关联性 / 41
2.4.4 细颗粒物质量浓度与微气候关联性 / 42
第三章 城市不同功能街道峡谷的细颗粒物分布特征 / 45
3.1 居住型街道 / 47
3.1.1 研究区域与范围 / 47
3.1.2 监测方法与样本选取 / 47
3.1.3 时间变化特征 / 48
3.1.4 空间变化特征 / 49
3.2 工业型街道 / 52
3.2.1 研究区域与范围 / 52
3.2.2 监测方法与样本选取 / 53
3.2.3 时间变化特征 / 53
3.2.4 空间变化特征 / 54
3.3 商业型街道 / 57
3.3.1 研究区域与范围 / 57
3.3.2 监测方法与样本选取 / 57
3.3.3 时间变化特征 / 60
3.3.4 空间变化特征 / 60
3.4 办公型街道 / 62
3.4.1 研究区域与范围 / 62
3.4.2 监测方法与样本选取 / 63
3.4.3 时间变化特征 / 63
3.4.4 空间变化特征 / 64

第四章　城市街区空间形态设计指标与细颗粒物的相关性 / 67

4.1　设计指标选取 / 69

4.1.1　平面指标——街谷长宽比 / 69

4.1.2　立面指标——建筑高度比 / 70

4.1.3　剖面指标——街谷高宽比 / 70

4.2　设计指标确定 / 71

4.3　街区空间形态与细颗粒物质量浓度的相关性 / 77

4.3.1　街谷长宽比与细颗粒物质量浓度的相关性 / 77

4.3.2　建筑高度比与细颗粒物质量浓度的相关性 / 77

4.3.3　街谷高宽比与细颗粒物质量浓度的相关性 / 78

第五章　城市街区及街谷环境的细颗粒物分布数值模拟与计算 / 81

5.1　ENVI-met 软件选取及功能介绍 / 83

5.1.1　ENVI-met 软件选取依据 / 83

5.1.2　ENVI-met 软件模型架构 / 84

5.1.3　ENVI-met 软件主要功能 / 85

5.2　ENVI-met 模型构建及数值设置 / 86

5.2.1　街区模型构建及数值设置 / 86

5.2.2　街谷模型构建及数值设置 / 89

5.3　夏季城市街区及街谷模拟结果与分析 / 93

5.3.1　夏季街区水平方向风环境及细颗粒物质量浓度分布 / 93

5.3.2　夏季街区垂直方向风环境及细颗粒物质量浓度分布 / 93

5.3.3　夏季街谷水平方向风环境及细颗粒物质量浓度分布 / 98

5.3.4　夏季街谷垂直方向风环境及细颗粒物质量浓度分布 / 101

5.4　冬季城市街区及街谷模拟结果与分析 / 101

5.4.1　冬季街区水平方向风环境及细颗粒物质量浓度分布 / 101

5.4.2　冬季街区垂直方向风环境及细颗粒物质量浓度分布 / 105

5.4.3　冬季街谷水平方向风环境及细颗粒物质量浓度分布 / 109

5.4.4　冬季街谷垂直方向风环境及细颗粒物质量浓度分布 / 109

第六章　城市街区及街谷典型空间形态优化策略 / 115

6.1　城市街区典型空间形态优化 / 117
6.1.1　街谷长宽比控制 / 117
6.1.2　建筑高度比控制 / 118
6.1.3　街谷高宽比控制 / 120
6.2　城市街谷典型空间形态优化 / 122
6.2.1　下沉广场体量控制 / 123
6.2.2　下沉广场位置控制 / 124
6.2.3　下沉广场形状控制 / 125
6.3　基于优化的案例模拟验证 / 126
6.3.1　优化方案构建 / 126
6.3.2　优化模拟验证 / 127
6.4　优化策略 / 130
6.4.1　宏观层面：适应空间，引导规划 / 130
6.4.2　中观层面：建构形态，落实布局 / 131
6.4.3　微观层面：创造要素，优化方案 / 134

参考文献 / 136

第一章 绪论

1.1 研究背景

1.1.1 中国式现代化建设需向高质量发展

党的十八大以来，党中央高度重视中国式现代化建设，明确提出以高质量发展为核心、以创新驱动为引领的现代化战略，为现代化建设指明了方向、提供了基本遵循，推动我国现代化建设进入提质增效新阶段，取得了历史性成就[1]。现代化水平稳步提升，发展活力不断释放，服务功能持续完善，人居环境更加优美，城市和区域发展质量稳步提升。

我国正在经历世界历史上规模最大的现代化建设进程，城市数量和城镇人口规模持续增长。如图 1-1 所示，截至 2023 年末，全国城市总量达到 694 个。其中，地级以上城市总量 297 个，县级市总量 397 个。建制镇总量 21 322 个，较 2012 年末新增 1 441 个。城市人口规模不断扩大，城市人口密度达到了 2 778 人/km^2。根据 2023 年末户籍人口规模划分，100～200 万、200～400 万、400 万以上人口的地级以上城市数量有所增加，而 50 万以下、50～100 万人口的城市数量有所减少。

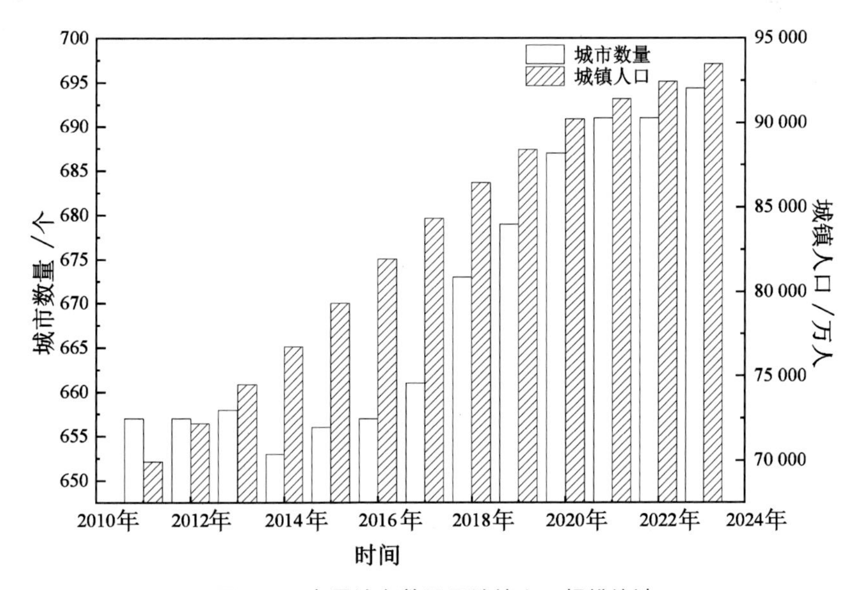

图 1-1 中国城市数量及城镇人口规模统计

在推进中国式现代化建设中，必须加强生态文明建设，大力推动绿色低碳发展。虽然我国城市空气污染防治工作已取得显著成效，但大部分地市的 $PM_{2.5}$ 平均浓度仍高于新版《全球空气质量指南》[2]（AQG）中给出的 $PM_{2.5}$ 浓度年均值 5 $\mu g \cdot m^{-3}$。而根据相关数据统计，截至 2023 年 6 月，全国机动车保有量达 4.26 亿辆，其中汽车 3.28 亿辆。如图 1-2 所示，汽车保有量呈现逐年上升的趋势，其中，88 个城市汽车保有量超过 100 万辆，24 个城市超过 300 万辆。城市的高速发展使得交通环境问题愈发突出，机动车尾气排放现已成为城市大气环境污染的主要来源之一，也是各种人体呼吸系统疾病频发的重要原因。

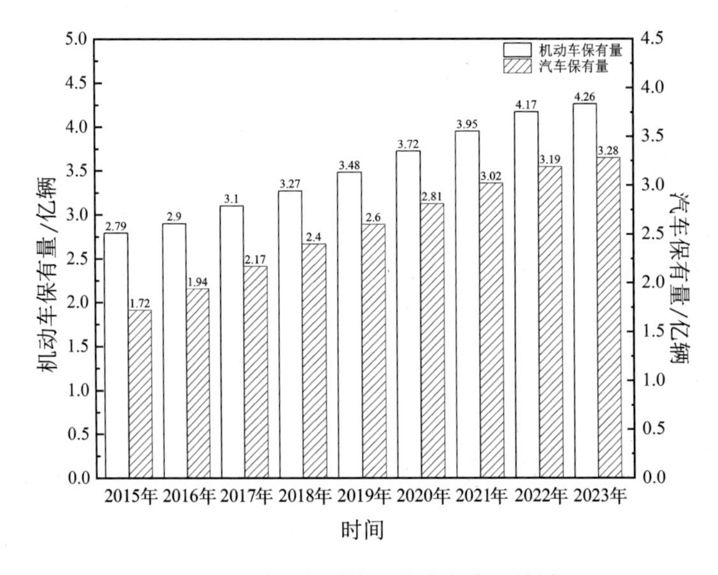

图 1-2 全国机动车及汽车保有量统计

1.1.2 健康城市成为社会关注热点

城市建设和居民生活方式的转变所带来的隐形问题逐渐暴露，一些环境风险因素（如水污染、空气污染、气候变化等）以及一些新型的健康疾病（如高血压、甲型流感病毒等）对城市居民的身心健康造成一定威胁。随着全球范围内的健康城市运动的兴起，我国针对公共健康问题相继出台了《国务院关于进一步加强新时期爱国卫生工作的意见》《关于开展健康城市健康村镇建设的指导意见》《“健康中国 2030”规划纲要》《“十四五”国民健康规划》等一系列健康干预战略，将“健康中国”上升到国家战略高度。同时，国家科技发展战略进一步提出我国未来 50 年的重要科技发展图景，以及支撑科技现代化进程的八大战略体系。

其中所涉及的“普惠健康保障体系”注重对居民进行健康干预，进而减少居民慢性疾病的发病风险，使得传统治疗转向以预测、预防为主的主动式干预。在城市可持续发展中融入健康干预理念，能够改善城市环境、人群和社会环境，提升全民健康福祉[3]。

现代城市规划学和城市科学都来源于对城市健康的追求，并在工业革命之后逐渐发展为一种城市理念，用于应对城市快速发展带来的城市健康新问题。城市规划起源和城市化进程初期最大的障碍都是城市居民健康问题，健康城市规划旨在通过对城市空间进行规划设计，从两个方面对公共健康进行主动干预：一是消除或减少城市建成环境污染所带来的人体健康风险；二是加强体育锻炼，引导居民形成绿色健康的生活、工作、交通和娱乐方式[4-5]。但随着学科专业化发展，城市规划逐渐忽视了公共卫生和健康。然而，随着城市空间环境的恶化、污染加剧、疾病蔓延等一系列问题的出现，人们对于健康的需求再次被唤醒。现代城市规划重拾健康城市理念既是研究初心的回归，也是时代发展的必然趋势。

1.1.3 实现经济社会全面绿色转型

2020 年，全国的二氧化碳排放量是 112 亿 t，包括 40 亿 t 供给侧碳排放和 72 亿吨消费侧碳排放。供给侧碳排放主要包含了电力燃料等，其中电力占比约 36%；消费侧碳排放主要包含工业、建筑、交通等，其中工业占 44%，建筑占 10%，交通占 10%。推动经济社会发展绿色化、低碳化是实现高质量发展的关键环节。党的二十大报告指出，实现碳达峰碳中和是一项广泛而深刻的经济社会系统性变革，要积极稳妥推进碳达峰碳中和，坚持先立后破，有计划分步骤实施碳达峰行动；统筹产业结构调整、污染治理、生态保护、应对气候变化，协同推进降碳、减污、扩绿、增长，推进生态优先、节约集约、绿色低碳发展。

人类生产、生活的城乡空间是实现碳中和的关键要素汇集区，也是碳排放的主要场所，涉及空间布局、规模、生活方式、消费习惯、资源利用和交通等各方面，这些要素都与城乡规划息息相关。国内外针对城市的低碳化发展开展了诸多研究与实践，众多学者从规划编制、实施及各类指标构建等方面进行了探索。诸多研究表明，通过低碳城市规划打造和谐共生、可持续发展的城市发展模式是引导城市低碳发展的有效方式。在宏观决策层面，要发挥规划作为政策工具的作用，将低碳发展理念融入城镇开发边界划定、城市空间结构优化、居民点布局和城市设计等多个层面，推动城乡建设在能源利用、产业发展、土地使用和基础设施建设等方面的绿色、低碳转型发展。

在城市功能布局视角下，城市中人类生产、生活所产生的二氧化碳是重要的碳排放来源，如日常生活、生产中的化石燃料燃烧及汽车排气、工业生产等活动造成的大量碳排放。城市土地利用与交通出行高度耦合，合理的城市空间布局能够有效减少交通碳排放量，紧凑、高密度、混合利用、高可达性、组团化发展等则是低碳城市结构的典型特征。规划中应合理布局城镇功能结构，引导城市组团化发展，打造紧凑的城市中心，注重职住平衡，以减少长距离的交通出行，减少碳排放。综合来说，通过构建低碳化的全域空间格局，打造产城融合的低碳化城乡空间，可逐步提升全区域、全要素、全空间的减碳效益，助力“双碳”目标的实现。

1.2 城市街区空间环境质量现状

快速的城镇化进程使得城市建设用地规模持续增加，街道两侧建筑持续增高、增多，在满足人们的生活、消费、住房及出行等需求的同时，也使得城市街区的建筑空间布局差异显著，形成诸多纵横交错的街道峡谷（以下简称“街谷”）。街谷不仅是城市下垫面的重要组成部分，也是居民日常出行的重要场所，流经街谷的气流受建筑遮挡会显著降低流速，进而影响街区汽车尾气污染物的扩散稀释，形成污染物集聚区域，危及居民及过往行人的健康。

城市街区受机动车影响较大的区域主要包括距地面 0～0.3 m 和 1.5～2.0 m 高度的空间范围，交通主干道及两侧 50 m 以内、1.7 m 以下的低空范围。因此，城市街区的居民和通勤人员都处于较高浓度的污染物中，对健康有一定威胁。有研究表明长期暴露于街谷范围内（距道路 300 m 内）的青少年患癌症概率是居住在远离道路区域的青少年的 6 倍[6]。而城市空间形态对城市街区内部的风环境及空气质量有着重要的影响。因高密度的城市街区地表粗糙度相对较高，其风速较城郊会明显降低，污染物难以快速扩散。密集的建筑空间布局在降低近地面风速的同时，使得污染物易沉积于近地面，导致人们暴露于高浓度污染物中，健康风险增加。由此可见，高密度的城市街区空间形态会引发一系列公共健康问题，给居民生活质量和身心健康带来一些负面影响[7]。

城市空间形态包括从宏观到微观的多个尺度，与城市用地空间、建筑布局方式、建筑空间形态、城市蓝绿空间布局等多因素综合作用，对城市空气污染的扩散过程产生重要影响。而城市街区为复杂城市系统的一部分，其规划设计也在很大程度上影响着城市整体环境。特定的城市街区空间形态可以有效改善城市整体或局部风环境，从而对街区内细颗粒物的浓度造成影响。从城市街区角度入手，运用城市规划和建筑设计的理念及手段，塑造良好的城市街区空间形态，可以改善城市街区空间环境，为城市居民的健康提供有效保障。

1.3　相关概念界定

1.3.1　健康城市

健康城市的概念最早出现于《英国劳工卫生状况报告》中，埃德温·查德威克提出环境问题对公共健康的影响远高于医学问题。1984 年召开的“2000 年健康多伦多”会议突破了传统的健康、医疗救助等概念，指出健康城市需要多部门、多学科的合作与努力。1988 年，WHO 提出健康城市是由健康人群、健康环境以及健康社会有机结合发展的整体，自此促进了城乡规划、建筑学、医学等多个学科的再次合作，学者们开始系统研究城市建成环境与居民公共健康之间的关系[4]。

而国内研究学者结合中国实际情况，提出健康城市是一个综合性概念，是从城市规划设计、建设到管理等都以人的健康为核心的，人类社会发展所必需的，健康人群、健康环境和健康社会有机结合的发展整体[7]。健康城市的建设没有统一标准模式，各城市应根据自身的历史、文化和资源等条件，因地制宜地发展，这才是最合适的。总体来看，健康城市规划旨在通过对城市空间进行规划设计，从两条路径对公共健康进行主动干预：一是消除或减少城市建成环境污染对人体健康的威胁；二是促进体育锻炼，引导城市居民形成绿色健康的生活、工作、交通和娱乐方式。而本研究主要聚焦于通过城市空间形态优化设计改善风环境，进而消除或减少城市建成环境空气污染对人体健康的危害[5]。

1.3.2 城市街区

国内较为认可的街区概念源于《绿色住区标准》（T/CECS 377—2018），其将街区定义为城市街道所围成的区域，通常情况下以一个居住组团为基本单位。街区是城市居民日常生活、交往的基本单位，主要包括内部建筑空间以及外部街道空间，是城市设计中的重要因素。人口普查的最小基本单元是街区，因此街区在人口统计中也被称为“人口统计街区”[8]。

作为城市居民生活中重要的活动场所，城市街区内部空气质量对居住者的身心健康有着重要的影响。而通过对街区建筑空间形态的合理规划设计，可以加快污染物扩散，改善街区内空气质量。因城市高速发展，车流量增加，城市街区中特定区域成为细颗粒物聚集的场所，街区的布局和形态通过影响风速、温湿度等环境因素，从而对街区内细颗粒物的分布产生重要影响。同时，街区尺度相比城市尺度，更易进行调控；相比建筑尺度，更易推广应用。本研究将若干个微观尺度的街区合并，即研究范围不单单只是由四条道路围合而成的片区，而是若干个类似片区的集合，在中观层面对街区开展研究。

1.3.3 街道峡谷

街道峡谷的概念最早由德国学者尼科尔森于 1975 年提出，它是指两侧具有连续高大建筑物的狭长街道[9]，如图 1-3 所示。1994 年，街道峡谷这一概念被同济大学的周洪昌引入中国[10]，后被中山大学的王宝民等人[11] 进一步扩展，即使街道两旁的建筑物高低不平，不连续甚至有一定的缺口，也可称作街道峡谷。时至今日，街道峡谷的概念已经诞生了近 50 年，在中国也已发展了近 30 年。

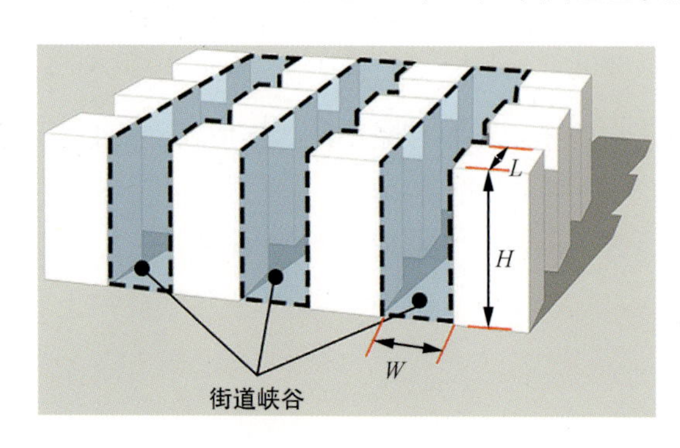

图 1-3 街道峡谷

街道峡谷种类较多，分类复杂。根据高宽比（街道两侧平均建筑高度与街道宽度之间的比值，即 H/W ）的不同，街道峡谷可分为三种：① $H/W \leqslant 0.5$ 为浅街道峡谷；② $0.5 < H/W < 2$ 为常规街道峡谷；③ $H/W \geqslant 2$ 为深街道峡谷[12]。日本当代建筑师芦原义信[13] 指出，意大利中世纪街道峡谷的 $H/W = 0.5$，文艺复兴时期街道峡谷的 $H/W = 1$，巴洛克和法国古典主义时期街道峡谷的 $H/W = 2$，日本京都街道峡谷的 $H/W = 1.2$，以 H/W 在 $[2, 3)$ 范围的街道峡谷最为舒适，能充分观看建筑物的形态。类似地，根据街道峡谷深度（街道两侧平均建筑面宽与街道宽度的比值，即 L/W ）的不同，街道峡谷可分为三种：① $L/W \leqslant 1$ 为短街道峡谷；② $1 < L/W < 5$ 为中距离街道峡谷；③ $L/W \geqslant 5$ 为深街道峡谷。根据两侧建筑高度的不同，街道峡谷可分为两种：① 街道两侧建筑高度与形体基本一致的叫作对称街道峡谷；② 街道两侧建筑高度与形体不一致的叫作非对称街道峡谷[14]。进一步地，根据两侧建筑 H 比值的不同，街道峡谷可分为上升型和下降型。本研究仅针对常规对称街道峡谷，且不考虑建筑细部构造，如屋檐、百叶窗、遮阳、挑檐、阳台、拱廊、平台、高架、矮墙等结构[15]。

1.3.4　细颗粒物

细颗粒物（$PM_{2.5}$）是指环境空气中空气动力学直径小于等于 2.5 μm 的颗粒物[16]，浓度计量单位为 $\mu g \cdot m^{-3}$，其因能够进入人体肺泡，也被定义为可入肺颗粒物。$PM_{2.5}$ 具有粒径小、比表面积大、吸附有毒有害物质多、悬浮停留时间久、输送距离远、易入呼吸道等特点[17]，且粒径越小，在空气中的滞留时间愈长，传输距离也愈远[18]，因此对人体健康和空气环境质量有较大影响。

根据全球疾病负担（Global Burden of Diseases, and Risk Factors Study）数据，2019 年全球 667 万人因空气污染死亡，占全球死亡人口总数的近 12%，其影响仅次于高血压、烟草使用和饮食风险[19-21]。细颗粒物对身体内屏障的穿透能力会因粒径的不同存在差异，随粒径减小依次停留在支气管、肺部、呼吸系统深部及血液循环，从而导致肺部和心脏健康问题，例如慢性支气管炎、哮喘和心脏病。研究发现，碳元素、重金属元素、放射性元素、有害生物等在细颗粒物中通常呈现出较强富集性[22]，易引发多种呼吸系统病变，与肺癌发病率及居民死亡率直接相关。2019 年新型冠状病毒（COVID-19）在全球范围内的流行对人们造成巨大的威胁，研究表明长期暴露于 $PM_{2.5}$ 环境中，会使得 COVID-19 发病率上升[23-24]。本研究对其分布范围做进一步限定，仅考虑1.5 m人体呼吸高度层面的细颗粒物平均质量浓度。

1.3.5 空间形态

不同的学科赋予城市空间形态不同的内涵。从城乡规划学和建筑学的视角出发，城市空间形态更侧重于中、微观层面。城市街区是城市的基本构成单位，其最本原的构成要素是建筑实体和空间，依据不同构成要素可以将空间形态划分为形状、组合模式等定性指标，高度、密度、容积率等定量指标[25]。

研究学者多通过宏观、中观、微观层面进行空间形态指标研究，也有学者将其划分为二维形态指标和三维形态指标。而在本研究中，对其做进一步的限定，从建筑学视角出发，将城市街区空气质量与城市街区空间形态作为最主要的研究对象，有选择性地只研究与二者关联度较高的一些重要设计指标，可以使本研究更具效率及实际意义。研究从中观尺度出发，将若干微观街区合并，对城市街区沿街空间进行深入研究，对控规层面的导控体系有指导意义。因此选取建筑高度比、街谷高宽比、街谷长宽比等被学者广泛认可的指标要素，作为研究城市街区空间形态的设计指标。

第二章

城市街区环境的细颗粒物时空分布特征

2.1　研究区域与范围

2.1.1　研究区域

合肥市国土总面积 11 445 km^2，约占安徽省国土面积的 8.2%，其中市辖区面积 1 339 km^2。截至 2022 年末，全市常住人口 963.4 万人，城镇人口 815.4 万人，城镇化率达 84.64%。

合肥市地处中纬度地带（31°51′49″N，117°16′46″E），季风气候较为明显，属于典型的夏热冬冷气候区城市[26]。夏季平均气温在 27.5～28.5 ℃，冬季平均气温在 1.5～5.0 ℃，相对湿度与温度的年变化相一致。城市主导风向为东南风，夏季为东南风，冬季为东北风，年平均风速在 1.6～3.3 $m \cdot s^{-1}$[27]。

2.1.2　研究范围

通过研究合肥市城市街区空间形态对街区 $PM_{2.5}$ 质量浓度分布的影响机制，进而提出优化策略。因此，选取街区样本时应遵循以下原则：

（1）建筑空间形态丰富：研究以城市街区为主要目标，但居住区多以高层建筑和多层建筑为主，建筑形态不够丰富。因此除居住建筑外，还应包含其他功能建筑，如商业、办公等建筑，通过建筑形态差异进一步丰富街区空间形态。

（2）远离干扰污染源：研究以街区内部交通污染源为细颗粒物的主要来源，应远离其他污染源，如工业污染等。因此研究区域应远离工业用地，从而消除工业污染源对监测结果的干扰。

根据合肥市城市总体规划对城市街区进行初步筛选，并结合现场调研最终选定研究区域。如图 2-1 所示，研究区域位于合肥市蜀山区中环云邸周边地区，北至翠微路，南至石门路，东至翡翠路，西至云外路。周边以各类住宅区为主，包含商业、学校、公园等附属配套场所，是合肥市建筑空间形态较为丰富的街区之一。

图 2-1 研究区域概况

2.2 研究方法与样本选取

2.2.1 监测时间及仪器

监测时间为 2022 年夏季（典型季）、秋季（过渡季）、冬季（典型季），其中移动监测时间为 6 月 13—19 日早晚通勤时间（7:20—9:20，17:00—18:30），固定监测时间则为 6 月 20—24 日、10 月 19—20 日、11 月 14—17 日、12 月 11—15 日的日间（8:00—18:00）。监测期间天气状况较一致，多为晴稳天气，于秋季（过渡季）对不同气象条件进行对比监测，包括晴天、雨天及雾天等。

如图 2-2 所示，移动监测仪器采用国产 Sniffer4D 灵嗅移动监测系统，卫星定位精度±2 m，主要监测对象为 $PM_{2.5}$；固定监测仪器采用 ONETEST-500 粉尘浓度监测仪与 KESTREL 5500 风速气象仪，主要监测对象为 $PM_{2.5}$、空气温度、相对湿度、风速。各仪器均经过计量质量检测校准，测量精度和准确度较好，其详细技术参数见表 2-1。

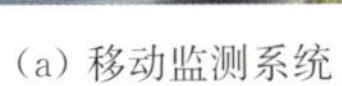

(a) 移动监测系统

(b) 粉尘浓度监测仪

(c) 风速气象仪

图 2-2　移动及固定监测仪器

表 2-1　监测仪器技术参数

仪器名称	监测项目	测量范围	测量精度	分辨率
Sniffer4D 灵嗅移动监测系统	$PM_{2.5}$	0～1 000 $\mu g \cdot m^{-3}$	±2% FS	1 $\mu g \cdot m^{-3}$
ONETEST-500 粉尘浓度监测仪	$PM_{2.5}$	0～1 000 $\mu g \cdot m^{-3}$	±10% FS	0.1 $\mu g \cdot m^{-3}$
	空气温度	−20～60 ℃	±0.5%	0.1 ℃
	相对湿度	0%～100%	±3%	0.1%
KESTREL 5500 风速气象仪	风速	0.6～40 $m \cdot s^{-1}$	±3%	0.1 $m \cdot s^{-1}$

2.2.2　监测方法

研究采用移动监测与固定监测相结合的方式，首先通过移动监测得到该街区

$PM_{2.5}$的空间分布，根据$PM_{2.5}$质量浓度峰值差异进行筛选，再结合街区空间形态最终确定固定监测样点。移动监测采用电单车的移动方式，将仪器安装于距地面1.5 m高度处，与人体呼吸高度大致相同。监测时，车辆以3～4 $m \cdot s^{-1}$的速度沿街区各主、次干道匀速往返，仪器以每秒计数的采样频率，实时监测道路污染物浓度，GPS以每秒计数的采样频率记录实时移动轨迹。固定监测仪器分布于街区各监测样点，并安装于距地面1.5 m高度处，每2 s记录一次数据。同步对街道峡谷车流量进行监测，每15 min进行一次计数，每次计数5 min，而后取平均值作为该时刻的车流量。

2.2.3 选点依据

通过对移动监测数据的GPS定位，可以使该街区细颗粒物质量浓度空间分布可视化。如图2-3所示，通过$PM_{2.5}$空间分布得知，$PM_{2.5}$在个别区域质量浓度相对较高，出现较为明显的集聚点。

图2-3 街区$PM_{2.5}$质量浓度空间分布可视化

为进一步确定街区空间形态对细颗粒物质量浓度的影响，采用粉尘浓度监测仪对街区进行固定监测。通过$PM_{2.5}$质量浓度峰值差异在该区域进行固定监测的选点，共设置14个实测样点，如图2-4所示，从左至右依次编号为A、B、C、…、M、N。

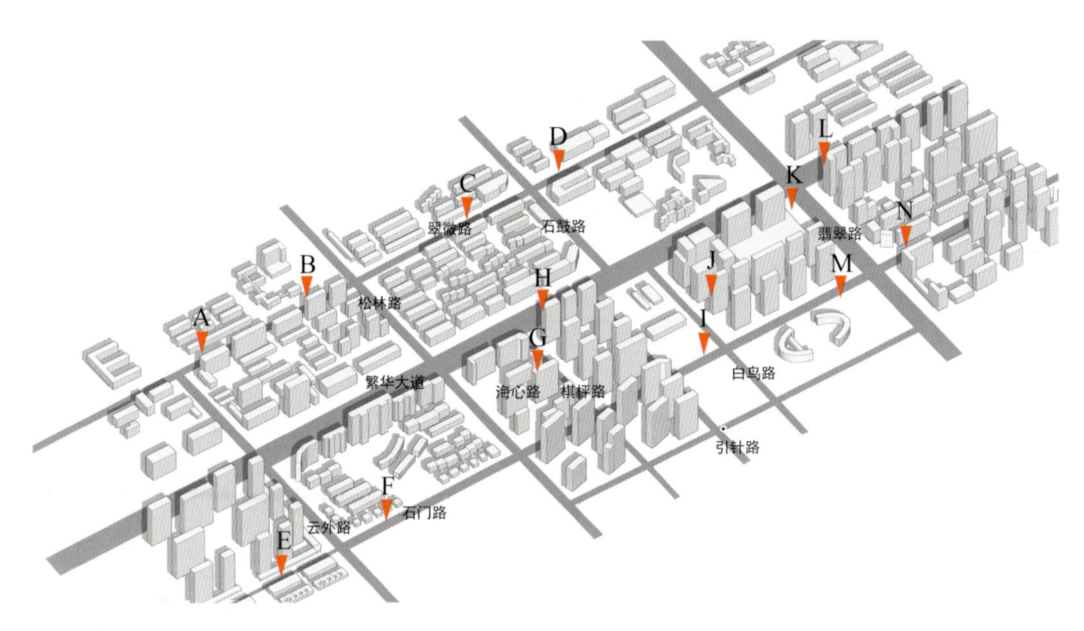

图 2-4　街区空间形态及固定监测样点分布

各监测样点空间形态及环境特征如表 2-2 所示。其中，G、J、L、N 点两侧为高层建筑与高层建筑的组合形式，A、B、E、H、K、M 点两侧为高层建筑与多层建筑的组合形式，D 点两侧为多层建筑与多层建筑的组合形式，C 点两侧为多层建筑与低层建筑的组合形式，F 点两侧为多层建筑与广场的组合形式，I 点两侧为广场与广场的组合形式。

表 2-2　各监测样点空间形态及环境特征

测点	空间形态		环境特征		
	实景	三维	建筑	道路	绿化
A			南向为高层，北向为多层	双向四车道	小型乔木
B			南向为高层，北向为多层	双向四车道	小型乔木
C			南向为多层，北向为低层	双向四车道	小型乔木

（续表）

测点	空间形态		环境特征		
	实景	三维	建筑	道路	绿化
D		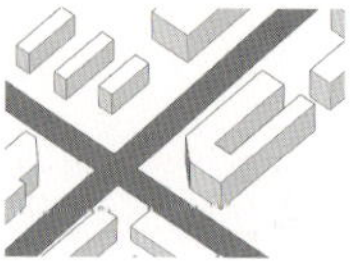	南向为多层，北向为多层	双向四车道	小型乔木
E		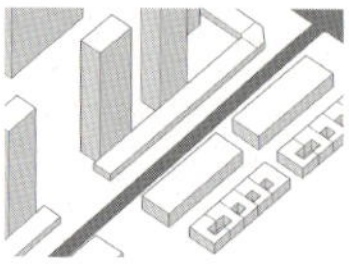	南向为多层，北向为高层	双向两车道	小型乔木
F		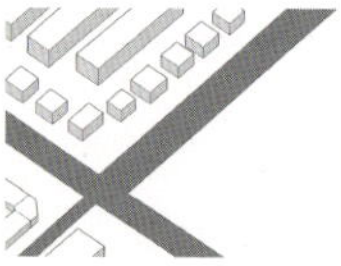	南向无建筑，北向为多层	双向四车道	乔灌草
G			南向为高层，北向为高层	双向两车道	大型乔木
H		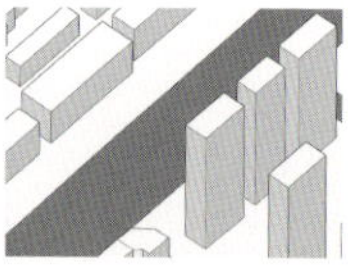	南向为高层，北向为多层	双向八车道	大型乔木
I			南向无建筑，北向无建筑	双向四车道	乔灌草
J		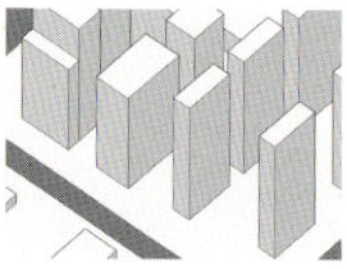	南向为高层，北向为高层	双向两车道	无

（续表）

测点	空间形态		环境特征		
	实景	三维	建筑	道路	绿化
K		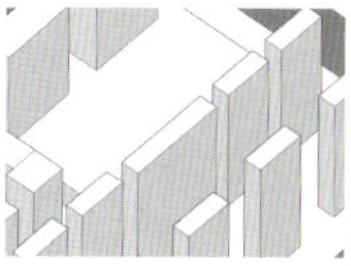	南向为高层，北向为多层	步行街道	无
L		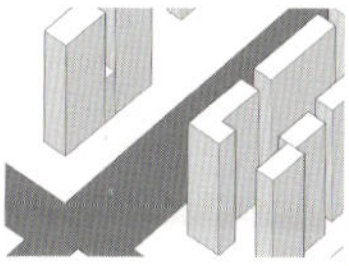	南向为高层，北向为高层	双向八车道	大型乔木
M		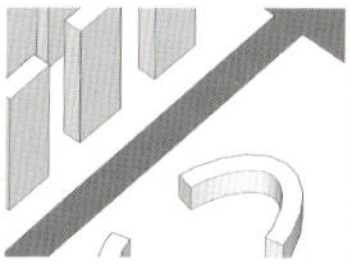	南向为多层，北向为高层	双向四车道	大型乔木
N		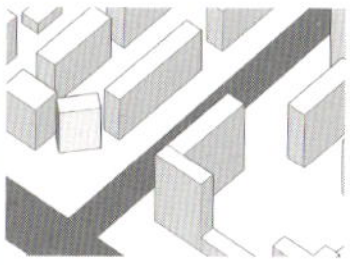	南向为高层，北向为高层	双向四车道	小型乔木

2.3　滨湖新区环境的细颗粒物浓度变化特征

对合肥市滨湖新区进行遥感反演与分析。

2.3.1　反演步骤与核心方法

（1）反演步骤

反演工作整体思路大致可分为4个步骤（图2-5）：

步骤一：获取数据和处理数据。本研究需获取卫星AOD数据和气象数据作为模型自变量，获取地面监测站点 $PM_{2.5}$ 浓度数据作为模型因变量，并对获取的数据进行预处理。

步骤二：建立模型。将完成预处理的卫星 AOD 数据、气象数据与 $PM_{2.5}$ 浓度数据通过机器学习神经网络算法建立反演模型。

步骤三：验证模型。利用 MATLAB 神经网络工具箱对模型结果进行验证。最后在滨湖新区选择 7 个典型实测点进行实地监测，利用反演模型对 7 个实测点的 $PM_{2.5}$ 浓度进行估算，与实测数据对比，再次验证模型精度。

步骤四：估算 $PM_{2.5}$ 浓度。在滨湖新区均匀选择 30 个点进行地面 $PM_{2.5}$ 浓度估算，根据估算结果生成滨湖新区 $PM_{2.5}$ 浓度空间分布图并进行特征分析。

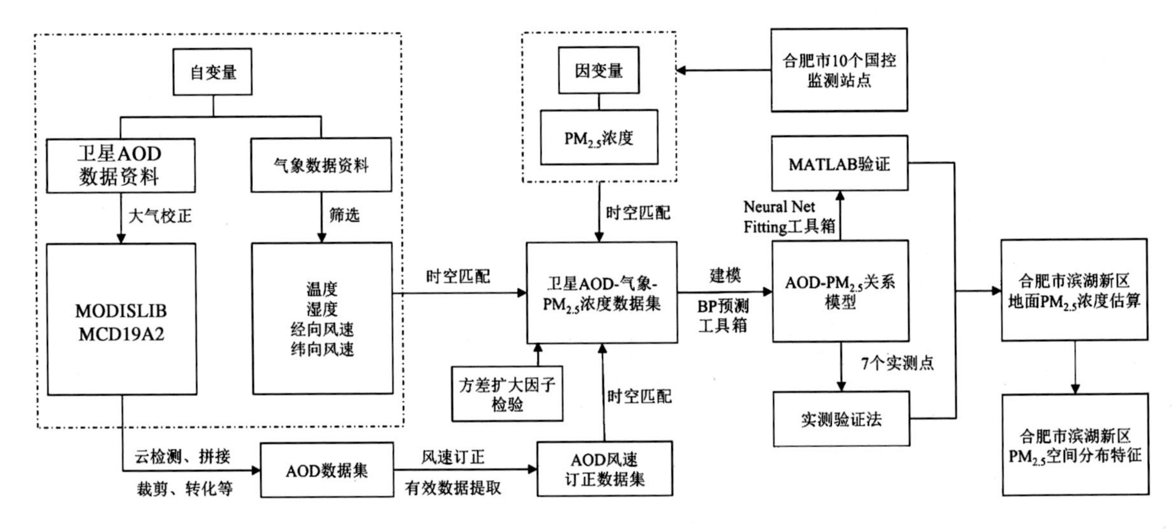

图 2-5 AOD 反演 $PM_{2.5}$ 浓度技术路线图

（2）核心方法

本研究采用机器学习神经网络算法。在机器学习中，输入系统的数据集质量很大程度上影响着机器学习的结果，在接触的数据中如何过滤无用数据、补充数据缺失值和避免其他数据干扰是机器学习的一个关键步骤。因此，运用机器学习神经网络算法建立反演模型的前提是对获取的大量数据进行预处理，提高数据集质量，加快机器学习速度。MATLAB 是美国 MathWorks 公司出品的软件，因具有强大的运算能力成为国际公认的十分优秀的科技应用软件，MATLAB 主要应用于机器学习、数据可视化、数值计算和数据分析等领域，且与其他软件的互通性也非常好。

本研究运用MATLAB神经网络算法建立AOD-$PM_{2.5}$关系模型，共分为4个主要步骤，分别是数据导入、数据探索和特征选择、训练模型、比较和输出模型（图2-6）。

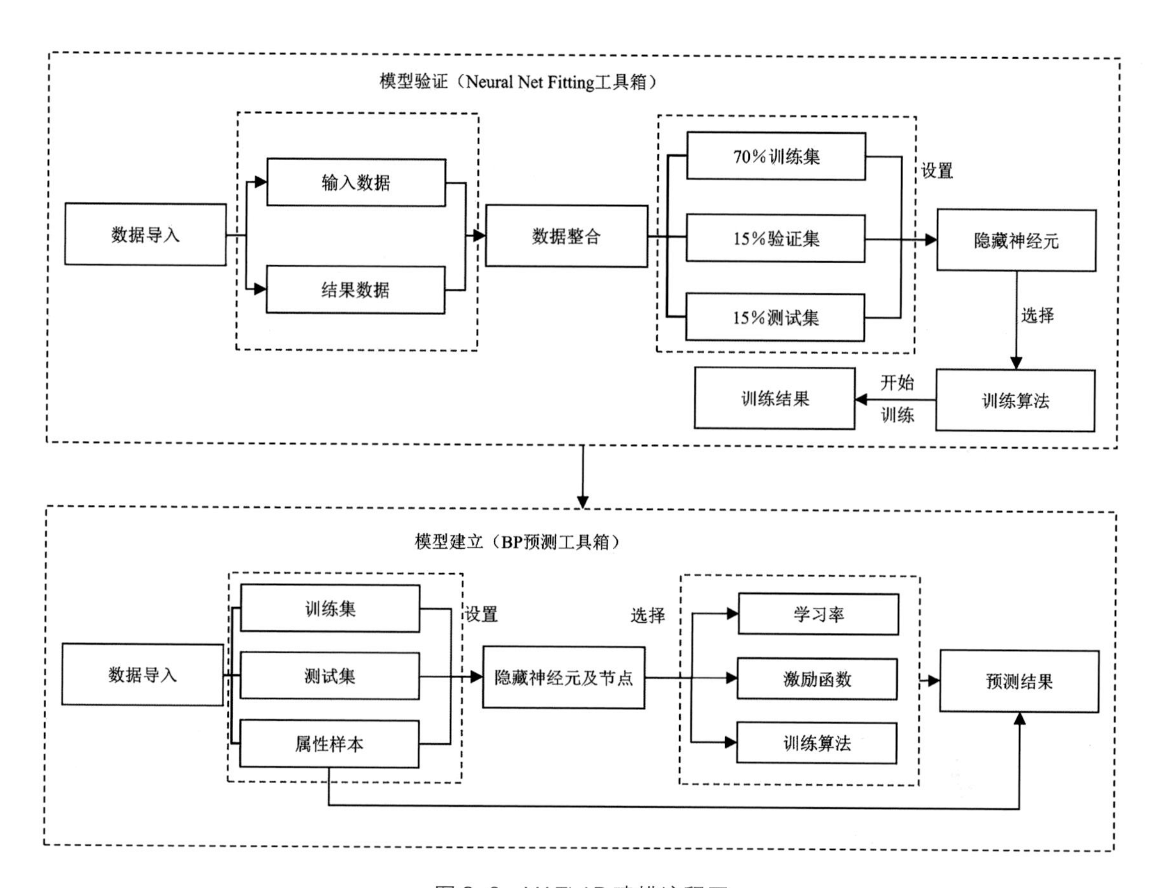

图2-6　MATLAB建模流程图

2.3.2　数据来源与预处理

（1）$PM_{2.5}$浓度数据

本研究所用的逐日$PM_{2.5}$浓度数据来源于安徽省生态环境厅中的空气质量数据统计实时发布平台（https：//sthjt. ah. gov. cn）。合肥市共包含10个国控监测站点（图2-7）。全市站点位置分布均匀，数据时间跨度为2022年7月31日至2023年7月31日，数据粒度为日。

图 2-7　合肥市国控监测站点分布图

（2）气象数据

考虑到地面气象条件对 $PM_{2.5}$ 浓度的影响，本研究选用欧洲中期天气预报中心（ECMWF）/美国国家航空航天局（NASA）历史再分析数据集，由羲和能源气象大数据平台（https：//www. xihe-energy. com）提供，该数据源时间分辨率为 1980 年 1 月 1 日起至今，逐小时；空间分辨率为纬度 0. 25°×经度 0. 25°（本研究区域约为 25 km×25 km 网格）。羲和能源气象大数据平台与美国国家航空航天局、欧洲中期天气预报中心和德国气象局（DWD）等多家气象数据平台合作，引入多种气象数据源，基于人工智能和机器学习算法，对现有气象要素进行降尺度计算，并根据自有数据网格对气象数据进行优化、融合和校正，得到精确的气象数据。

气象变量对 AOD 和 $PM_{2.5}$ 数值均会产生显著影响，因此，本研究选用的气象变量包括高地面约 2 m 温度（$T2M$，单位为℃）、高地面约 2 m 空气湿度（$RH2M$，单位为%）、高地面约 10 m 风速（v，单位为 $m \cdot s^{-1}$）、高地面约 10 m经向风速（u_{10}，单位为 $m \cdot s^{-1}$）、高地面约 10 m 纬向风速（v_{10}，单位为

$m \cdot s^{-1}$）。通过将这些气象变量与 AOD 共同作为自变量建立 AOD 与 $PM_{2.5}$ 的关系模型，可以更精确地估算 $PM_{2.5}$ 浓度。

（3）卫星 AOD 数据

研究区域为小尺度范围，因此采用 MODIS L1B 级基础数据结合不同反演算法获得的 AOD 数据产品 MCD19A2。MCD19A2 为最新发布的气溶胶产品，是 MODIS Terra 和 Aqua 结合的新型多角度大气校正算法（MAIAC）陆地气溶胶光学厚度（AOD）网格化 2 级产品，分辨率为 1 km，算法先进，数据缺失率低。MAIAC 是一种先进算法，将基于图像和像素的处理与时间序列分析相结合，显著提高了气溶胶反演、云探测和大气校正的精度。

研究采用 MCD19A2 v006 数据版本，波长为 550 nm，时间分辨率为日，空间分辨率为 1 km×1 km，时间范围与 $PM_{2.5}$ 选取范围相同，为 2022 年 7 月 31 日至 2023 年 7 月 31 日。从美国国家航空航天局官网下载数据，解码处理获得 AOD 日均值。

（4）数据预处理

首先，匹配数据空间。$PM_{2.5}$ 地面监测站提供的是一种“点”状数据，而卫星遥感监测和羲和能源气象大数据平台提供的是区域尺度数据。为了分析 AOD、气象数据与 $PM_{2.5}$ 之间的多元关系，将 3 类数据进行空间匹配。本研究从地图上精准提取 10 个 $PM_{2.5}$ 地面监测站经纬度，并根据经纬度信息确定需要获取的 AOD 与气象数据的精确位置。

其次，匹配数据时间。卫星 AOD 和地面监测站 $PM_{2.5}$ 数据能精确到的最小时间跨度为日，而羲和能源气象大数据平台提供的是每日每小时气象数据，为使数据在时间、数量上一一对应，必须将 3 类数据进行时间匹配。在 Excel 中计算出气象数据的每日平均值，并与 AOD 和 $PM_{2.5}$ 每日数据相对应。

最终，排除误差数据。为减小实验误差，在数据预处理时应进行误差数据筛选和排除，具体如下：

气象数据：相关研究发现，相对湿度为 50%～80%时会导致 AOD 数据变化 5%，相对湿度达到 98%以上则会导致 AOD 数据变化 25%。因此，相对湿度大于 98%的数据不参与统计研究。

$PM_{2.5}$ 浓度数据：考虑到地面监测站点中观测仪器软硬件故障的可能性，$PM_{2.5}$ 观测数据可能存在误差，对连续 3 天以上数值不变，每日浓度值偏离当月浓度均值 3 倍以上或浓度值大于 999 $\mu g \cdot m^{-3}$ 的 $PM_{2.5}$ 数据进行排除。

卫星 AOD 数据：MCD19A2 数据的预处理步骤如图 2-8 所示，将 HDF 数据转化为标签图像文件格式（TIF）影像，并赋予投影信息。提取各点 AOD 值，并对大于 2 的异常 AOD 值进行排除，不参与统计研究，以消除云检测不彻底的影响。此外，由于 MCD19A2 是经过大气校正的数据，故省去大气校正步骤。

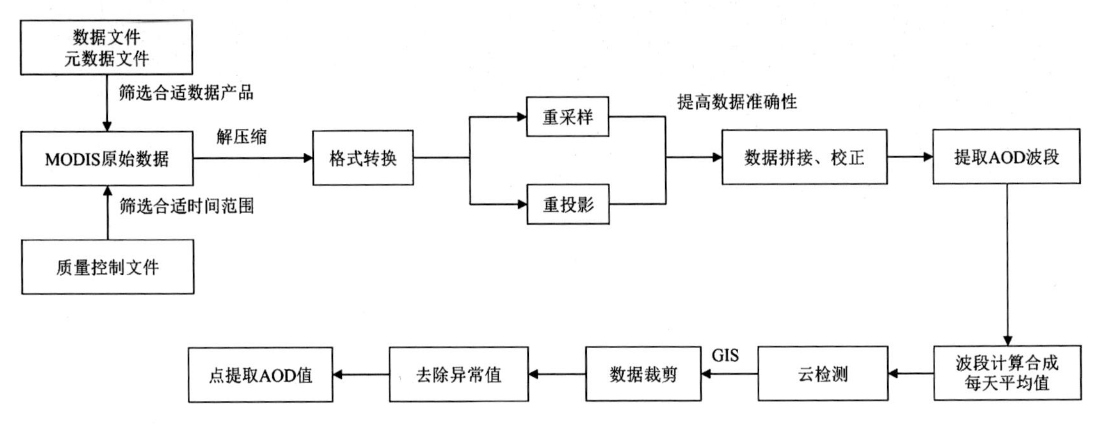

图 2-8　MCD19A2 数据预处理步骤图

（5）有效数据提取

因气象数据会受限于卫星分辨率精度以及卫星 AOD 数据会被云等气象因素干扰，本研究对处理后的气象数据和 AOD 数据进行有效性判断：

气象数据：本研究采用欧洲中期天气预报中心数据源，分辨率约为 25 km×25 km 网格。合肥市 10 个国控监测站点中有 6 个站点处于同一网格中，为了保证数据准确性，提取 4 个处在不同网格的站点的日平均数据，与 $PM_{2.5}$ 浓度数据相对应，共得到 1.46×10^3 个有效数据。

卫星 AOD 数据：MODIS 传感器搭载于卫星中，而卫星处于大气层中，受约因素很多。第一个是云层遮挡，若当天研究区域天气状况不理想，天色过暗，可能会导致拍摄不清晰，难以获取当天 AOD 数据。第二个是研究区域当天不存在气溶胶，导致数据缺失。图 2-9 为研究区域中 HDF 数据转化后其中 8 天的 TIF 图像，可以看出，受上述因素影响，每日气溶胶卫星图分布差异很大，甚至有几乎整体缺失的情况。

基于此，本研究提取当日天气状况良好、无云层遮挡且气溶胶数值稳定的 AOD 数据，结合气象与 $PM_{2.5}$ 浓度数据，最终得到 526 个有效数据。

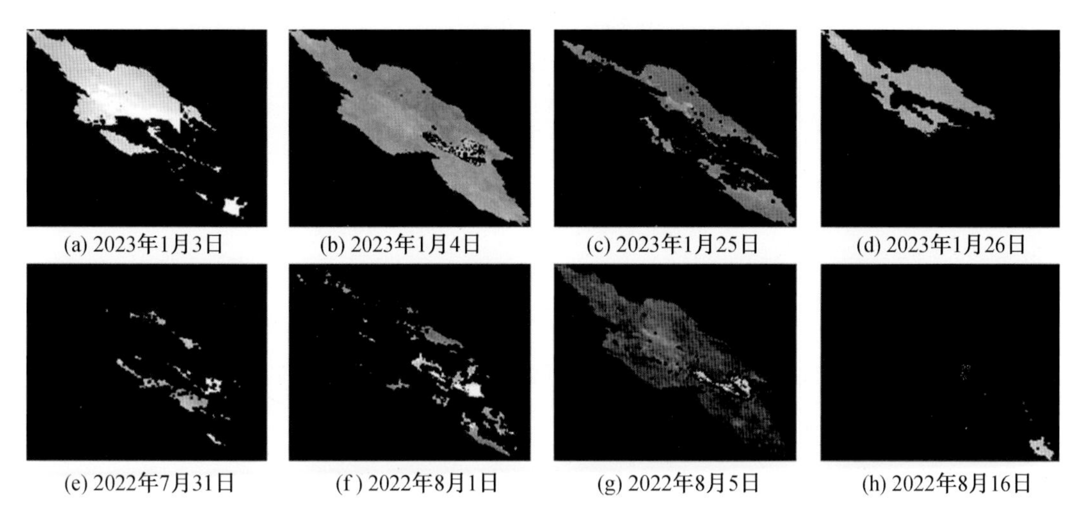

(a) 2023年1月3日　(b) 2023年1月4日　(c) 2023年1月25日　(d) 2023年1月26日

(e) 2022年7月31日　(f) 2022年8月1日　(g) 2022年8月5日　(h) 2022年8月16日

图 2-9　研究区域 TIF 图像

（6）风速订正

相关研究得出，风速对大气污染物的扩散和传输起主导作用，对 AOD 数值产生间接影响。因此，研究对 526 个 AOD 数据进行风速订正，订正后的数据参与数值统计。风速订正公式如下：

$$f(v)=\frac{1}{1-v/10} \tag{1}$$

$$a'=\frac{a}{f(v)} \tag{2}$$

式中，v 表示气象监测平台实测风速（$m \cdot s^{-1}$），f（v）表示风速系数，a 和 a' 分别表示 AOD 初始值和 AOD 经过风速订正后的值。

（7）方差扩大因子检验

方差扩大因子（VIF）可以衡量自变量之间复共线性严重程度，$VIF<10$ 时，认为不存在复共线性，$VIF \geqslant 10$ 时，认为存在强烈的复共线性。

经过共线性检验，5 个自变量 VIF 值均小于 10，且数值均在 1～2 之间，如表 2-3 所示，说明本研究的自变量之间不存在线性相关关系，可用于建立与因变量 $PM_{2.5}$ 的关系模型。

表 2-3　自变量共线性检验结果

模型变量	未标准化系数		标准化系数	检验值	系统因素	共线性统计	
	B	标准错误	*β*	*t*	显著性	容差	VIF
（常量）	31.4	4.35		7.22	<0.001		
AOD	58.0	4.58	0.481	12.6	<0.001	0.770	1.30
温度	−1.00	0.080	−0.467	−12.4	<0.001	0.792	1.26
湿度	0.097	0.080	0.046	1.20	0.229	0.767	1.30
经向风速	−0.184	0.432	−0.014	−0.427	0.670	0.970	1.03
纬向风速	2.23	0.412	0.201	5.42	<0.001	0.812	1.23

2.3.3 模型建立和验证

（1）验证方法

将处理好的温度、湿度、经向风速、纬向风速、AOD 数据作为自变量输入值，$PM_{2.5}$ 浓度数据作为因变量输出值，代入 MATLAB 的 Neural Net Fitting 工具箱中。Neural Net Fitting 工具箱所构建的网络模型由输入层、隐藏层和输出层组成，每一层单元与相邻层单元连接。当一组包含自变量和因变量的学习样本集提供给网络模型后，神经元激活值从输入层经隐藏层向输出层传播，同时在输出层各神经元获得输入响应。将所有数据集分为 3 种类型，分别是训练集、验证集和测试集，按照推荐比例分别设置为 70%、15%、15%，三个集合均为随机排布，保证结果准确性。选用 Levenberg-Marquardt 算法，最终实现输入数据和输出数据之间的关系映射，提高计算模型精确度。

（2）验证结果

图 2-10（a）为模型误差图，蓝、绿、红三条实线分别代表 BP 训练过程、交叉验证过程以及测试过程中 MSE 指标在每一代中的表现。MSE（Mean Squared Error）为均方误差，代表预测输出和目标输出之差的期望值，数值越小，模型越准确，0 表示没有误差，最优值虚线显示 BP 网络训练到第 10 代时训练结果最为理想，MSE 值约为 0.027，接近于 0。图 2-10（b）为模型回归曲线图，回归值 r 代表预测输出和目标输出的相关性。图中训练集、验证集、测试集

和总体结果 r 值均在 0.88 以上，且总体结果高达 0.932，说明该模型精确度已达到要求，可以用来估算 $PM_{2.5}$ 浓度。

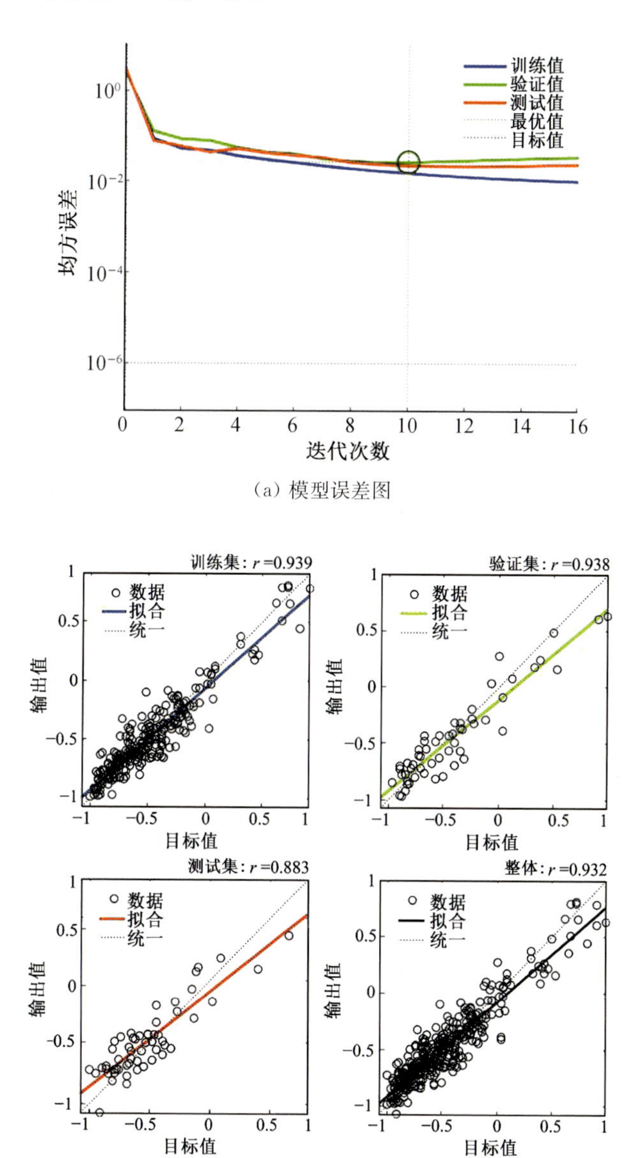

(a) 模型误差图

(b) 模型回归曲线图

图 2-10　模型精确度验证结果图

(3) 模型建立

运用 MATLAB BP 预测工具箱（BP _ prediction _ toolbox）建立模型，导入训练集、测试集，其中训练集占 70%，测试集占 30%。训练算法设置为相同的

Levenberg-Marquardt 算法；隐藏层和节点分别设置为 10、20；学习率设置为 0.1；激励函数设置为 tansig、logsig、purelin。通过反复运算，得到最优模型结果（图 2-11），红蓝双线分别为 BP 预测值和实际值曲线，二者重合度较高，且拟合优度达到了 0.8 以上，说明模型性能优良，可用于合肥市 $PM_{2.5}$ 浓度估算。

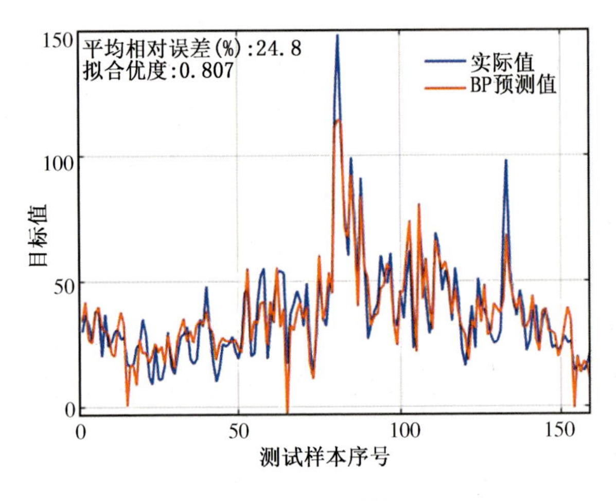

图 2-11　BP 预测结果图

（4）滨湖新区 $PM_{2.5}$ 分布估算结果实测验证

本研究最终需要获取合肥市滨湖新区地面 $PM_{2.5}$ 浓度的反演方法及有效关系模型，MATLAB Neural Net Fitting 工具箱证明了该关系模型的准确性，但是否适用于滨湖新区还有待进一步验证。因此，在滨湖新区选择典型地段进行实地监测，同时在模型中代入卫星 AOD 风速订正数据和气象数据，得到实测点的 $PM_{2.5}$ 浓度估算值，并与实测值作比较，误差越小，证明该关系模型估算滨湖新区的 $PM_{2.5}$ 浓度越准确。

监测时间：实测时间段为 2023 年 7 月 12 日至 2023 年 7 月 16 日，每天 8:00 至 18:00，监测滨湖新区 $PM_{2.5}$ 浓度、风速和温湿度，监测期间天气晴朗，5 天天气状况较一致。

监测仪器：配置 7 台 ONETEST-100/AQL 环境空气质量综合检测仪和 7 台 KESTREL 5500 手持式风速气象仪进行测试。环境空气质量综合检测仪监测 $PM_{2.5}$ 浓度和温湿度，$PM_{2.5}$ 浓度测量范围 0～1 000 $\mu g \cdot m^{-3}$，测量精度±10%，分辨率 1 $\mu g \cdot m^{-3}$，监测过程中每 10 s 记录一次数据；温度测量范围 −20～60 ℃，测量精度±0.5%，分辨率 0.1 ℃；湿度测量范围 0～100%RH，测量精度±3%，分辨率 0.1%RH，监测过程中每 10 s 记录一次数据。风速气象仪监测风速大小，测量范围 0.3～40 m·s^{-1}，测量精度±3%，分辨率 0.1 m·s^{-1}，监测过程中每 5 min 记录一次数据。监测高度与一般人体的呼吸高度一致，为距离地面 1.5 m 处。

选点依据和测点分布：根据合肥市滨湖新区街区特征，选择 7 个点进行实地测量，验证 AOD-$PM_{2.5}$ 反演模型用于滨湖新区地面 $PM_{2.5}$ 浓度估算的准确性。如图 2-12 所示。B、C、D、E、F、G 点处在滨湖新区两条典型街道——繁华大道和花园大道上，A 点处在滨湖新区西南角，为对照点，防止 $PM_{2.5}$ 监测数据受到背景浓度的影响。

图 2-12　合肥市滨湖新区测点分布图

根据不同选点和不同日期，对各个实测点每天各时段的 $PM_{2.5}$ 浓度的变化趋势进行统计。为保证测试数据的准确性，在 Excel 中对各实测点的 $PM_{2.5}$ 浓度、温湿度、风速数据进行统一，并对 $PM_{2.5}$ 数据进行筛选得到 5 天 7 个实测点的有效数据共 12.6×10^4 条，对各实测点每日的数据取平均值，得到 35 个有效数据。

明确 7 个实测点的经纬度信息，并根据经纬度获取时间、地点统一的 AOD 和经向风速、纬向风速数据，将 AOD 数据用实测地面风速订正后与气象数据共同作为 MATLAB BP 预测工具箱中的属性样本，估算 7 个实测点 5 天每天的平均 $PM_{2.5}$ 浓度，与实测值相比（图 2-13）。由图 2-13 可知，估算值与实测值曲线基本吻合，相关性较强，说明合肥市 AOD-$PM_{2.5}$ 反演模型可以用来估算滨湖新区地面 $PM_{2.5}$ 浓度。

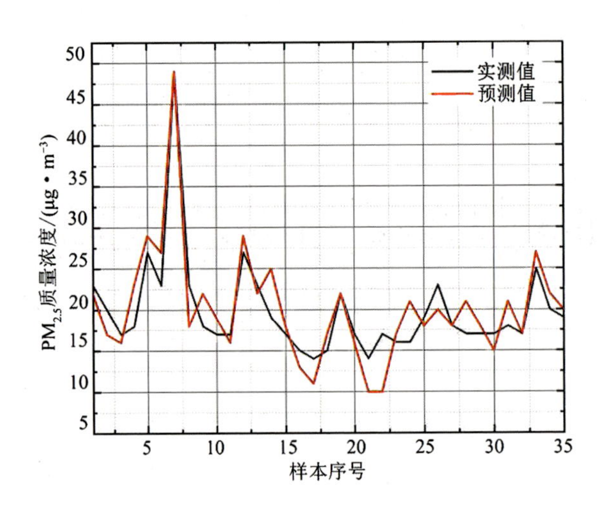

图 2-13　估算值与实测值对比曲线图

2.3.4　滨湖新区地面 $PM_{2.5}$ 浓度估算

(1) 估算时间和位置选取

合肥市滨湖新区属于小尺度城市街区范围，因此在空间上对数据空间分辨率的要求较高。选取羲和能源气象大数据平台的羲和数源 V1.0 数据源，空间分辨率为 30 m×30 m 网格，覆盖中国全境；时间分辨率为 2017 年 1 月 1 日至 2021 年 12 月 31 日，逐小时。根据该数据源的时间分辨率特征选取较近时间段 2021 年 7 月至 2021 年 12 月中的某天进行 $PM_{2.5}$ 浓度估算。从卫星 AOD 数据在该时间段的分布情况得出，2021 年 10 月的 AOD 数据较完整，且完整时段多集中在 10 月 20 日之后，数据最完整的一天为 10 月 29 日（图 2-14），因此选择该天进行估算。

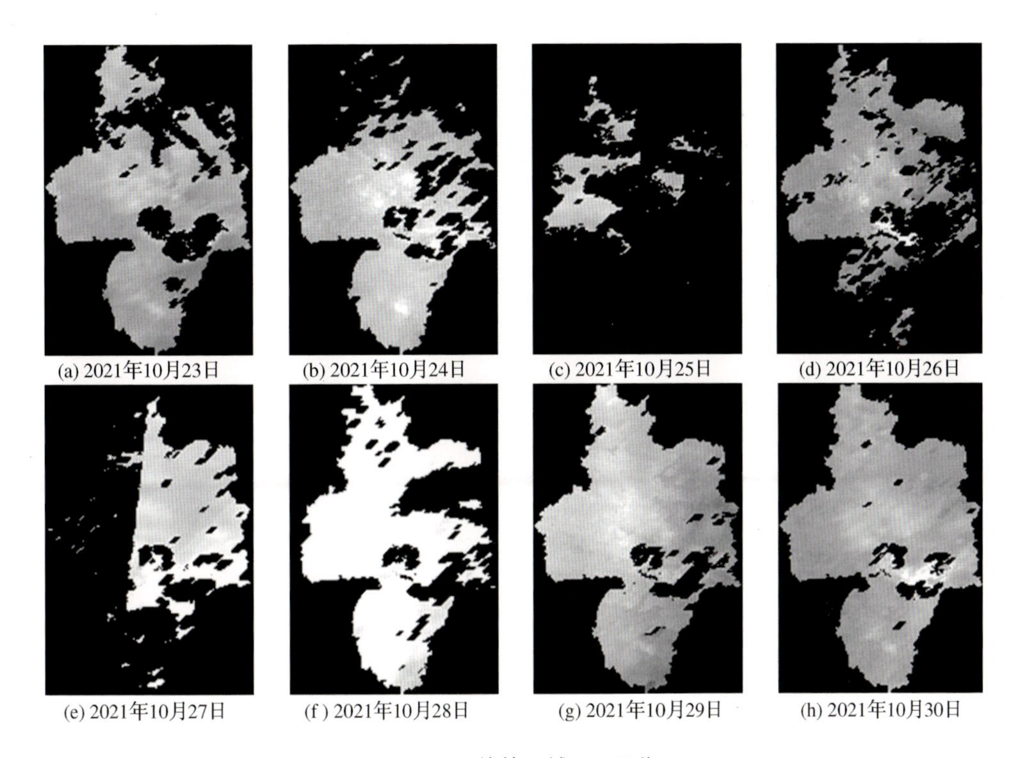

图 2-14　估算区域 TIF 图像

为更精确地分析 $PM_{2.5}$ 空间分布特征，在滨湖新区方兴大道、紫云路、锦绣大道、花园大道、繁华大道等典型街道上均匀选择 30 个点进行 $PM_{2.5}$ 浓度估算，分布在居住区、商业区、工业区、文教区、风景区和绿地、田地、水域等各类型地块，任意两点间距离不超过 5 km（图 2-15）。

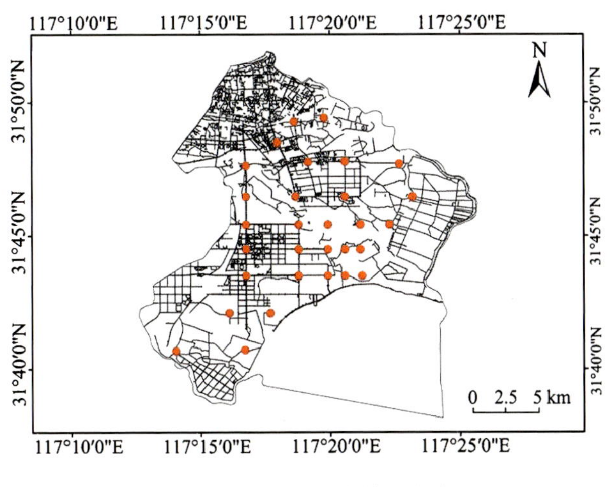

图 2-15　滨湖新区估算点方位图

（2）结果分析

由图 2-16、图 2-17 可知，滨湖新区 $PM_{2.5}$ 浓度整体呈现出西边高、东边低的特征。中心区域浓度处于中等水平，向西南和正北方向逐渐升高，向东南方向逐渐降低；西南侧区域 $PM_{2.5}$ 浓度最高，东南侧 $PM_{2.5}$ 浓度最低；北侧 $PM_{2.5}$ 浓度仅次于西南侧，但在中心区域 $PM_{2.5}$ 浓度急剧升高；$PM_{2.5}$ 浓度在不同功能区的表现为：工业区＞商业区＞居住区＞生态园区。

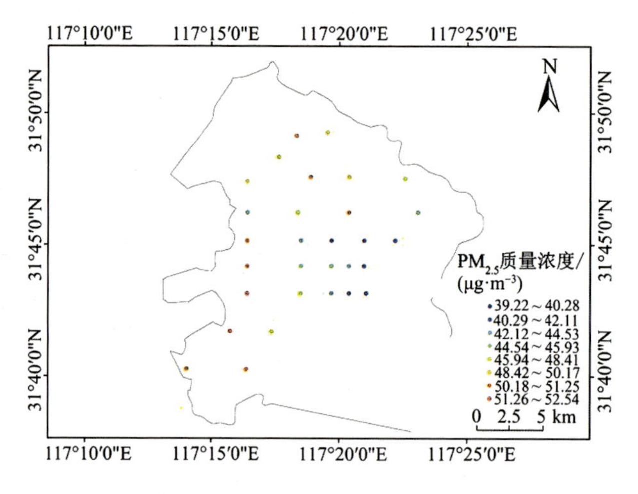

图 2-16　滨湖新区估算点 $PM_{2.5}$ 质量浓度分布点位图

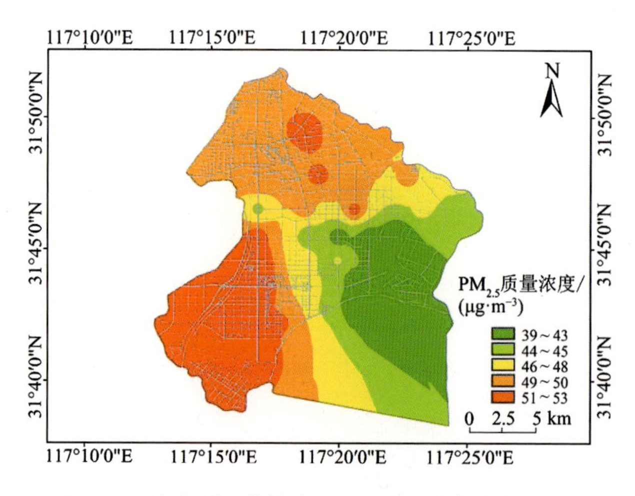

图 2-17　滨湖新区估算点 $PM_{2.5}$ 质量浓度分布区域图

工业区中废弃物的排放会导致空气中的 $PM_{2.5}$ 浓度急剧升高。滨湖新区西南侧靠近电子和汽车工业园片区，工厂产生的大量废气和汽车尾气排放使 $PM_{2.5}$ 浓度急剧升高，导致西南侧区域 $PM_{2.5}$ 浓度处于最高水平。对工厂设备的优化使用可以降低能源消耗以及合理处理生产过程中产生的废物，以实现降低 $PM_{2.5}$ 浓度的目的。

商业区和居住区中的污染来源复杂，包括尾气排放、扬尘、工业排风等。滨湖新区北侧边缘区域由商业区和居住区组成，大量人流和汽车使尾气排放和扬尘效应加剧，导致 $PM_{2.5}$ 浓度升高。此外，由图 2-17 可知，北侧偏东区域（多住宅）$PM_{2.5}$ 浓度略低于北侧偏南区域（多商办），因为商业建筑的高度和密度一般高于居住建筑，$PM_{2.5}$ 在商业区中较难扩散，易滞留，因此商业区 $PM_{2.5}$ 浓度高于居住区。优化交通组织，推动新能源汽车发展可降低 $PM_{2.5}$ 浓度。

产业空间集聚度、产业绿色技术发展和产业结构模式对城市 $PM_{2.5}$ 浓度有显著影响。滨湖新区北侧中心为产业园区，$PM_{2.5}$ 浓度急剧升高，推动产业绿色技术创新，加快产业结构调整可降低 $PM_{2.5}$ 浓度。

绿地空间的面积、集聚度、连通度对 $PM_{2.5}$ 浓度有显著影响。滨湖新区东南侧为生态农业旅游景区，且靠近巢湖边缘，大面积绿地水体导致 $PM_{2.5}$ 浓度由西向东逐渐降低。在城市街区 $PM_{2.5}$ 浓度较高区域增加绿地空间连通度、集聚度，加强大型绿地建设，可发挥较强的 $PM_{2.5}$ 消减作用。

2.4　街区环境的细颗粒物时空变化特征

2.4.1　时间变化特征

（1）季节变化特征

如图 2-18 所示，对不同季节的街区 $PM_{2.5}$ 质量浓度按时刻进行平均处理，得到街区 $PM_{2.5}$ 质量浓度的季节变化特征。总体而言，冬季 $PM_{2.5}$ 质量浓度最高，秋季（过渡季）$PM_{2.5}$ 质量浓度次之，夏季 $PM_{2.5}$ 质量浓度最低。其中，夏季 $PM_{2.5}$ 平均质量浓度约为 22.41 $\mu g \cdot m^{-3}$，秋季 $PM_{2.5}$ 平均质量浓度约为 47.53 $\mu g \cdot m^{-3}$，冬季 $PM_{2.5}$ 平均质量浓度约为 54.67 $\mu g \cdot m^{-3}$。因此该城市街区的 $PM_{2.5}$ 质量浓度在季节上呈现出冬季＞秋季（过渡季）＞夏季的特征，主要源自气象因素的影响。当季节由夏季逐渐转向冬季，大气层结愈加稳定，而细颗粒物也会难以扩散[28]，导致 $PM_{2.5}$ 质量浓度在秋冬季会显著升高。

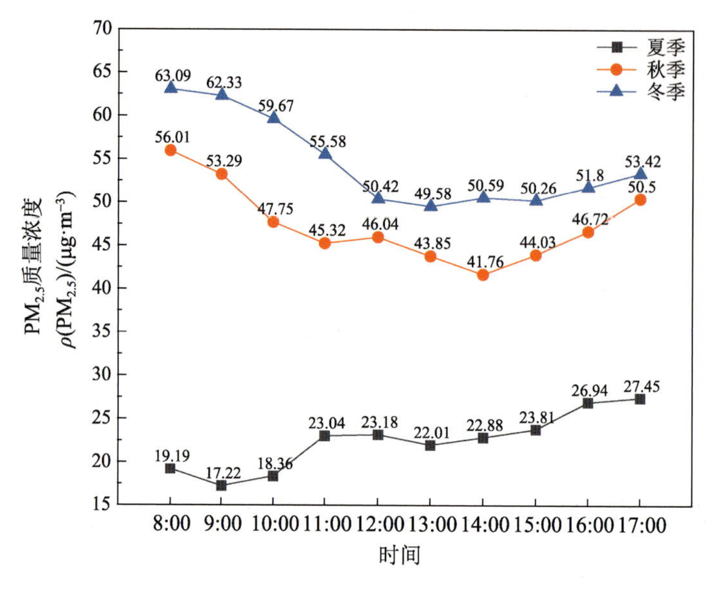

图 2-18 街区 $PM_{2.5}$ 质量浓度季节变化

（2）日际变化特征

如图 2-19 所示，通过对各个季节每天的数据进行平均处理，得到街区 $PM_{2.5}$ 质量浓度的日际变化特征，$PM_{2.5}$ 日平均质量浓度呈现出显著差异，但各个季节均在周一呈现出较高浓度的趋势。

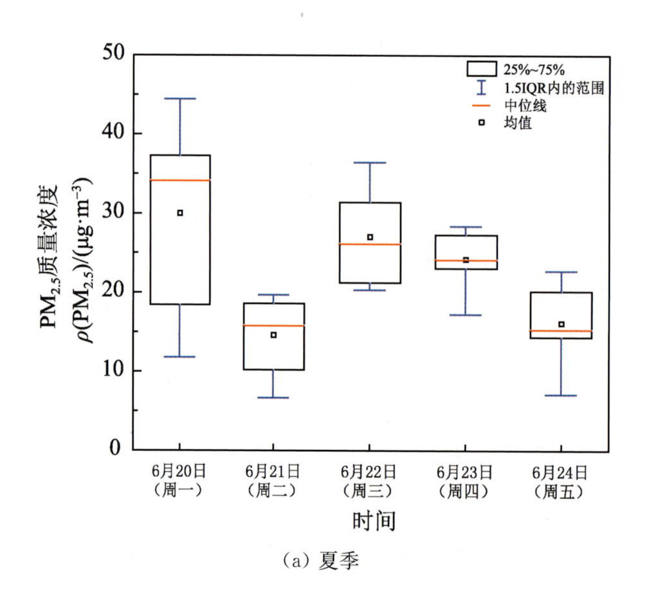

（a）夏季

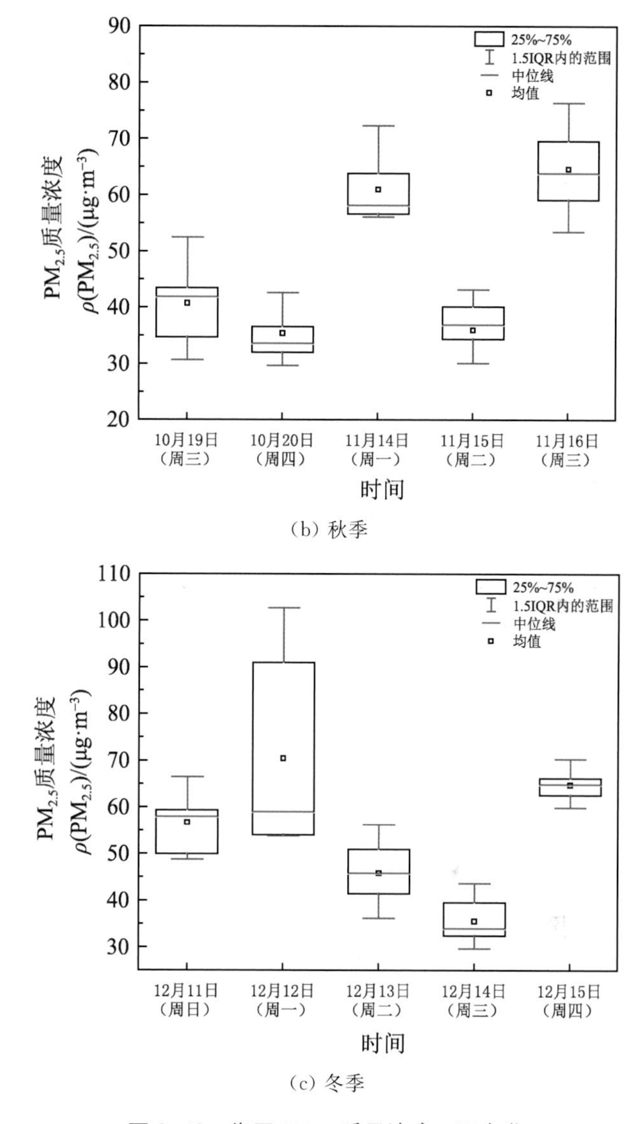

(b) 秋季

(c) 冬季

图 2-19　街区 $PM_{2.5}$ 质量浓度日际变化

其中，夏季 $PM_{2.5}$ 日平均质量浓度从高到低依次为 6 月 20 日（30.01 $\mu g \cdot m^{-3}$）、6 月 22 日（27.06 $\mu g \cdot m^{-3}$）、6 月 23 日（24.19 $\mu g \cdot m^{-3}$）、6 月 24 日（16.16 $\mu g \cdot m^{-3}$）、6 月 21 日（14.61 $\mu g \cdot m^{-3}$）。秋季 $PM_{2.5}$ 日平均质量浓度从高到低依次为 11 月 16 日（64.58 $\mu g \cdot m^{-3}$）、11 月 14 日（60.96 $\mu g \cdot m^{-3}$）、10 月 19 日（40.70 $\mu g \cdot m^{-3}$）、11 月 15 日（36.01 $\mu g \cdot m^{-3}$）、10 月 20 日（35.40 $\mu g \cdot m^{-3}$）。冬季 $PM_{2.5}$ 日平均质量浓度从高到低依次为 12 月 12 日（70.45 $\mu g \cdot m^{-3}$）、12 月 15 日（64.80 $\mu g \cdot m^{-3}$）、12 月 11 日（56.70 $\mu g \cdot m^{-3}$）、12 月 13 日（45.85 $\mu g \cdot m^{-3}$）、12 月 14 日（35.57 $\mu g \cdot m^{-3}$）。由此可知，在工

作日期间，该街区各个季节的周一细颗粒物浓度均相对较高。主要原因是周一作为每周第一个工作日，迎来复工小高潮[29]，较大的车流和行人流量及其所带来的堵车现象，导致细颗粒物浓度在周一普遍较高。

（3）日内变化特征

如图 2-20 所示，通过对各个季节的 14 个监测样点数据按时刻进行平均处理，得到街区 $PM_{2.5}$ 质量浓度的日内变化特征。总体而言，该街区 $PM_{2.5}$ 平均质量浓度呈现出“W”形的日内变化趋势，与通勤高峰密切相关。

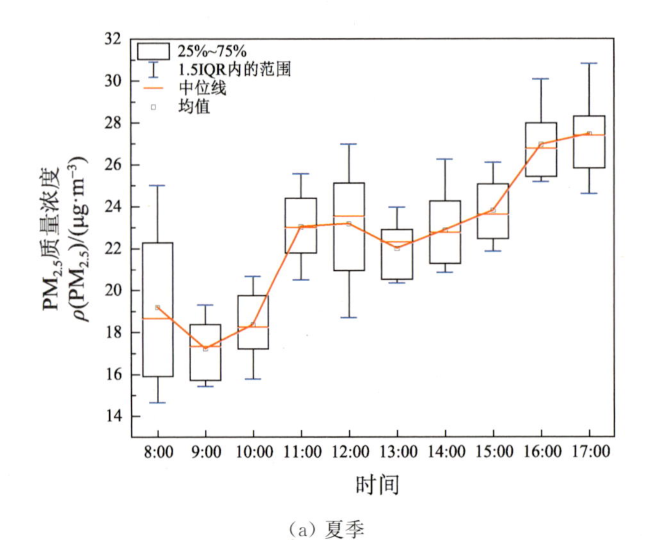

（a）夏季

（b）秋季

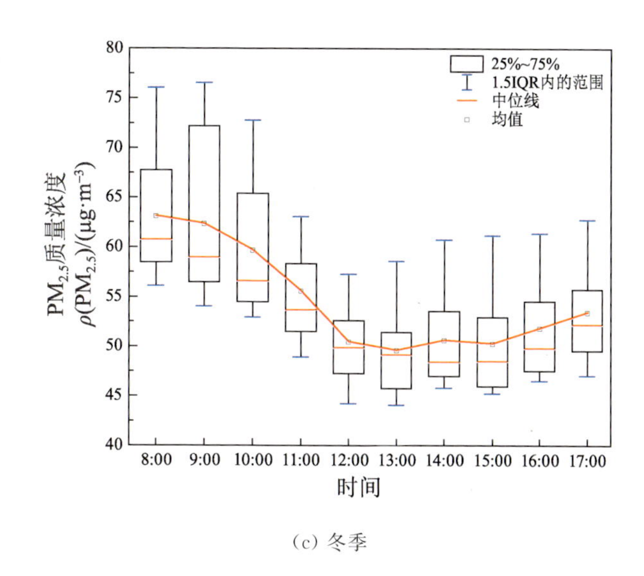

(c) 冬季

图 2-20　街区 $PM_{2.5}$ 质量浓度日内变化

夏季，8:00—9:00 区间 $PM_{2.5}$ 平均质量浓度呈现下降趋势，9:00 时 $PM_{2.5}$ 平均质量浓度处于谷值（17.22 $\mu g \cdot m^{-3}$）；9:00—12:00 区间 $PM_{2.5}$ 平均质量浓度呈现上升趋势，12:00 时 $PM_{2.5}$ 平均质量浓度处于峰值（23.18 $\mu g \cdot m^{-3}$）；12:00—13:00 区间 $PM_{2.5}$ 平均质量浓度呈现下降趋势，13:00 时 $PM_{2.5}$ 平均质量浓度处于谷值（22.01 $\mu g \cdot m^{-3}$）；13:00—17:00 区间 $PM_{2.5}$ 平均质量浓度呈现上升趋势。秋季，8:00—11:00 区间 $PM_{2.5}$ 平均质量浓度呈现下降趋势，11:00 时 $PM_{2.5}$ 平均质量浓度处于谷值（45.32 $\mu g \cdot m^{-3}$）；11:00—12:00 区间 $PM_{2.5}$ 平均质量浓度呈现上升趋势，12:00 时 $PM_{2.5}$ 平均质量浓度处于峰值（46.04 $\mu g \cdot m^{-3}$）；12:00—14:00 区间 $PM_{2.5}$ 平均质量浓度呈现下降趋势，14:00 时 $PM_{2.5}$ 平均质量浓度处于谷值（41.76 $\mu g \cdot m^{-3}$）；14:00—17:00 区间 $PM_{2.5}$ 平均质量浓度呈现上升趋势。冬季，8:00—13:00 区间 $PM_{2.5}$ 平均质量浓度呈现下降趋势，13:00 时 $PM_{2.5}$ 平均质量浓度处于谷值（49.58 $\mu g \cdot m^{-3}$）；13:00—14:00 区间 $PM_{2.5}$ 平均质量浓度呈现上升趋势，14:00 时 $PM_{2.5}$ 平均质量浓度处于峰值（50.59 $\mu g \cdot m^{-3}$）；14:00—15:00 区间 $PM_{2.5}$ 平均质量浓度呈现下降趋势，15:00时 $PM_{2.5}$ 平均质量浓度处于谷值（50.26 $\mu g \cdot m^{-3}$）；15:00—17:00 区间 $PM_{2.5}$ 平均质量浓度呈现上升趋势。可以看出，在早、中、晚通勤高峰期 $PM_{2.5}$ 平均质量浓度均出现较为明显的峰值，由此可知该街区 $PM_{2.5}$ 质量浓度与交通污染之间具有较为明显的关联性，机动车尾气排放为主要污染来源之一[30]。而秋冬季早上 $PM_{2.5}$ 质量浓度较高的原因是夜间及凌晨边界层高度较低，湍流较弱，

不利于垂直方向细颗粒物的扩散。且秋冬季早上多有逆温现象，地面温度低于高空温度，细颗粒物易在近地面聚集[31]。因此，建议街区居民尽量避免在通勤高峰期出行，从而减少长期暴露于 $PM_{2.5}$ 环境中所带来的风险。

2.4.2 空间分布特征

(1) 整体分布特征

通过对街区污染物数据的 GPS 定位及可视化分析，可以得出该街区 $PM_{2.5}$ 质量浓度整体空间分布特征：由高到低依次为施工区域、主路区域、道路交叉口、支路区域、绿化区域。

如图 2-21 所示，该街区 $PM_{2.5}$ 质量浓度空间分布呈现出较为明显的差异化特征。由于城市环境中 $PM_{2.5}$ 主要来自道路交通污染[32]，故 $PM_{2.5}$ 高浓度区域更多是车流量较大的主路区域，$PM_{2.5}$ 质量浓度均值在 45.15 $\mu g \cdot m^{-3}$ 左右。其

图 2-21　街区 $PM_{2.5}$ 质量浓度整体空间分布

中，繁华大道与翡翠路交叉口附近较周边区域出现较为明显的 $PM_{2.5}$ 高浓度区域，$PM_{2.5}$ 质量浓度均值约为 38.15 $\mu g \cdot m^{-3}$，由于该区域处于施工现场附近，施工扬尘较为严重，故 $PM_{2.5}$ 质量浓度相对较高。除此之外，在一些餐饮店较为集中的街道，也会出现较为明显的 $PM_{2.5}$ 集聚点，如翠微路区域虽车流量较小，但较其他支路区域 $PM_{2.5}$ 质量浓度明显较高，均值约为 29.43 $\mu g \cdot m^{-3}$，这是由于除了机动车尾气排放外，居民生活油烟也是街区内 $PM_{2.5}$ 的来源之一[33]。而在公园及大面积绿化附近，$PM_{2.5}$ 质量浓度明显较小，均值在 18.92 $\mu g \cdot m^{-3}$ 左右，由此可知，绿化植物的吸收、稀释和阻碍作用[34]，可在一定程度上降低 $PM_{2.5}$ 质量浓度。

（2）区域分布特征

通过对夏、秋、冬季各监测样点的数据进行平均处理，可得到各监测样点的 $PM_{2.5}$ 平均质量浓度，由于各监测样点所处街区空间形态特征不同，其区域的 $PM_{2.5}$ 质量浓度也会存在差异。街区 $PM_{2.5}$ 质量浓度在区域上大致呈现出 $PM_{2.5}$（高层＋高层）＞$PM_{2.5}$（高层＋多层）＞$PM_{2.5}$（多层＋多层）＞$PM_{2.5}$（多层＋低层）＞$PM_{2.5}$（多层＋广场）＞$PM_{2.5}$（广场＋广场）的分布特征。

如图 2-22 所示，夏季 $PM_{2.5}$ 平均质量浓度最高为 E 点（24.04 $\mu g \cdot m^{-3}$），最低为 B 点（20.44 $\mu g \cdot m^{-3}$），两者相差 3.6 $\mu g \cdot m^{-3}$。各监测样点 $PM_{2.5}$ 平均质量浓度由高到低依次为 E（24.04 $\mu g \cdot m^{-3}$）＞N（23.54 $\mu g \cdot m^{-3}$）＞M（23.2 $\mu g \cdot m^{-3}$）＞C（23.15 $\mu g \cdot m^{-3}$）＞F（23.1 $\mu g \cdot m^{-3}$）＞D（22.85 $\mu g \cdot m^{-3}$）＞G（22.8 $\mu g \cdot m^{-3}$）＞L（22.43 $\mu g \cdot m^{-3}$）＞H（22.25 $\mu g \cdot m^{-3}$）＞J（21.94 $\mu g \cdot m^{-3}$）＞K（21.61 $\mu g \cdot m^{-3}$）＞I（21.34 $\mu g \cdot m^{-3}$）＞A（21 $\mu g \cdot m^{-3}$）＞B（20.44 $\mu g \cdot m^{-3}$）。秋季 $PM_{2.5}$ 平均质量浓度最高为 H 点（54.23 $\mu g \cdot m^{-3}$），最低为 C 点（45.08 $\mu g \cdot m^{-3}$），两者相差 9.15 $\mu g \cdot m^{-3}$。各监测点 $PM_{2.5}$ 平均质量浓度由高到低依次为 H（54.23 $\mu g \cdot m^{-3}$）＞G（54.02 $\mu g \cdot m^{-3}$）＞ A（48.24 $\mu g \cdot m^{-3}$）＞ J（47.98 $\mu g \cdot m^{-3}$）＞B（47.8 $\mu g \cdot m^{-3}$）＞E（47.59 $\mu g \cdot m^{-3}$）＞F（46.8 $\mu g \cdot m^{-3}$）＞I（46.39 $\mu g \cdot m^{-3}$）＞N（45.84 $\mu g \cdot m^{-3}$）＞M（45.58 $\mu g \cdot m^{-3}$）＞K（45.45 $\mu g \cdot m^{-3}$）＞D（45.25 $\mu g \cdot m^{-3}$）＞L（45.16 $\mu g \cdot m^{-3}$）＞C（45.08 $\mu g \cdot m^{-3}$）。冬季 $PM_{2.5}$ 平均质量浓度最高为 H 点（65.41 $\mu g \cdot m^{-3}$），最低为 K 点（49.4 $\mu g \cdot m^{-3}$），两者相差 16.01 $\mu g \cdot m^{-3}$。各监测点 $PM_{2.5}$ 平均质量浓度由高到低依次为 H（65.41 $\mu g \cdot m^{-3}$）＞

G（64.13 μg·m^{-3}）> E（59.98 μg·m^{-3}）> F（58.19 μg·m^{-3}）> A（55.34 μg·m^{-3}）> B（55.31 μg·m^{-3}）> J（53.27 μg·m^{-3}）> I（52.39 μg·m^{-3}）> M（51.19 μg·m^{-3}）> N（51.07 μg·m^{-3}）> D（50.36 μg·m^{-3}）> L（49.83 μg·m^{-3}）> C（49.57 μg·m^{-3}）> K（49.4 μg·m^{-3}）。由此可知，街区建筑空间形态对细颗粒物的聚集有一定影响，尤其是高层高密度的建筑布局更不利于细颗粒物扩散[35]，进一步通过与公园附近的监测样点对比发现，高层建筑区域比广场绿化区域更易引起细颗粒物的聚集[36]。

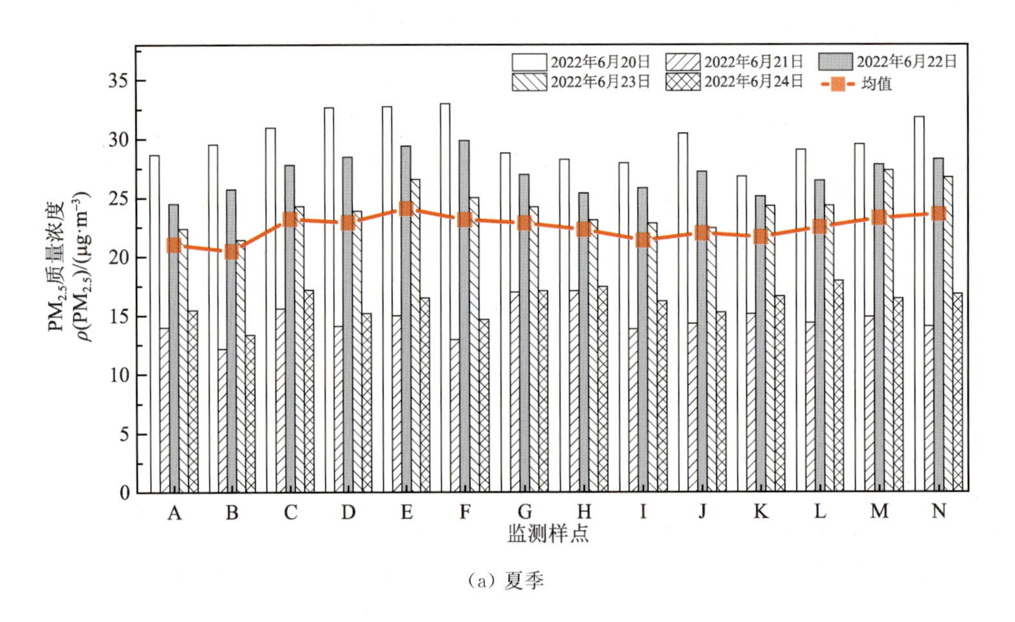

(a) 夏季

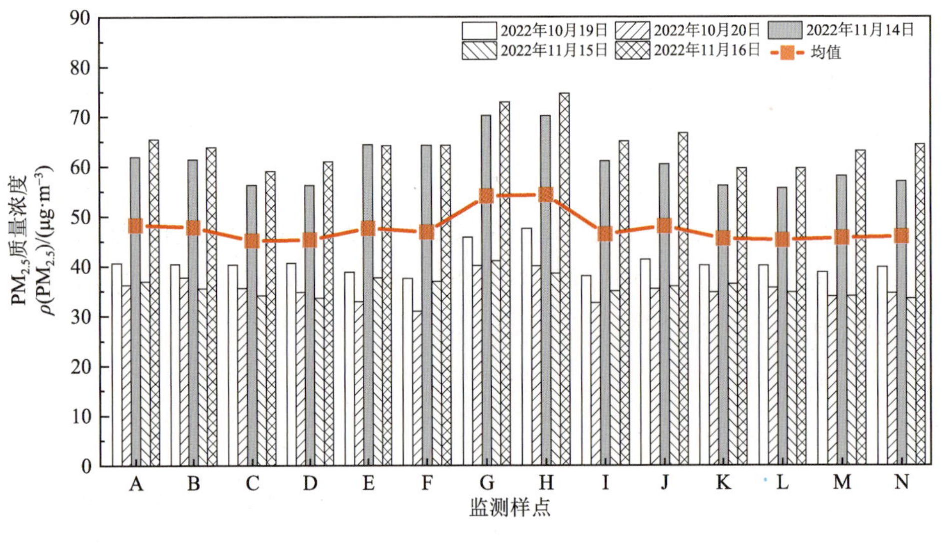

(b) 秋季

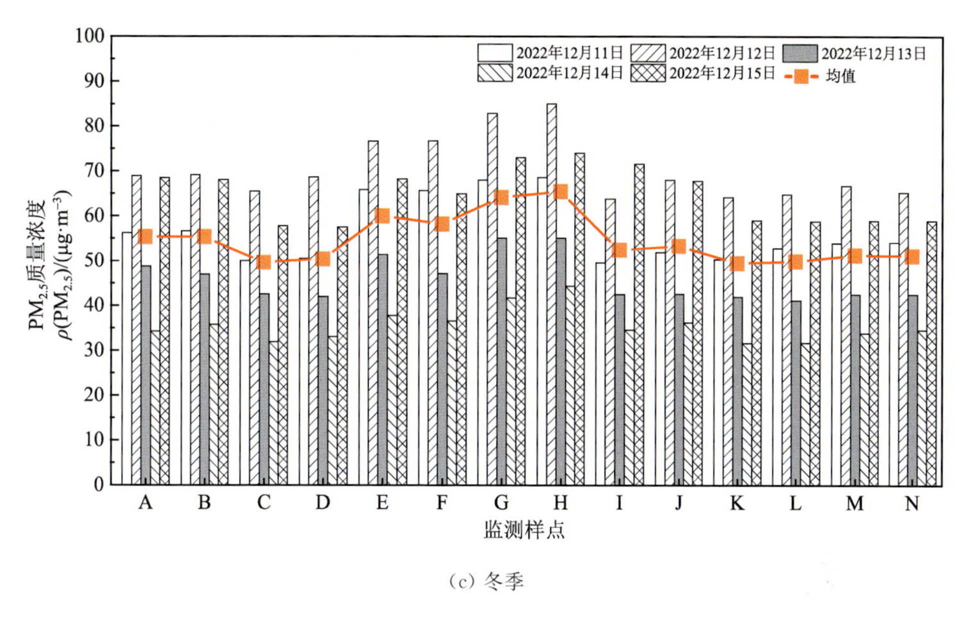

(c) 冬季

图 2-22　街区 $PM_{2.5}$ 质量浓度区域空间分布

2.4.3　街区细颗粒物质量浓度与气象条件关联性

通过对秋季各监测样点在雨天、晴天、雾天的数据按时刻进行平均处理，可得到该街区不同气象条件下 $PM_{2.5}$ 平均质量浓度差异，由高到低依次为雾天、雨天、晴天。如图 2-23 所示，气象因素对 $PM_{2.5}$ 质量浓度影响较为显著，其中雾天时 $PM_{2.5}$ 质量浓度最高，平均约 130.50 $\mu g \cdot m^{-3}$；雨天次之，$PM_{2.5}$ 平均质量浓度约 60.96 $\mu g \cdot m^{-3}$；晴天时 $PM_{2.5}$ 质量浓度最低，平均约 36.01 $\mu g \cdot m^{-3}$。

造成雨天、晴天、雾天 $PM_{2.5}$ 质量浓度显著差异的主要因素是相对湿度的变化。研究得知，相对湿度与 $PM_{2.5}$ 质量浓度成正相关，即相对湿度的增加会导致 $PM_{2.5}$ 质量浓度升高。空气相对湿度为 45%～70%时有利于 $PM_{2.5}$ 的吸湿增长，加上贴地和高空逆温层厚度较大，污染加剧[37]。而空气相对湿度大于 70%时容易产生降雨，对 $PM_{2.5}$ 可以起到冲刷作用[38]，这也是同样为高湿天气，雨天 $PM_{2.5}$ 质量浓度远低于雾天的主要原因。

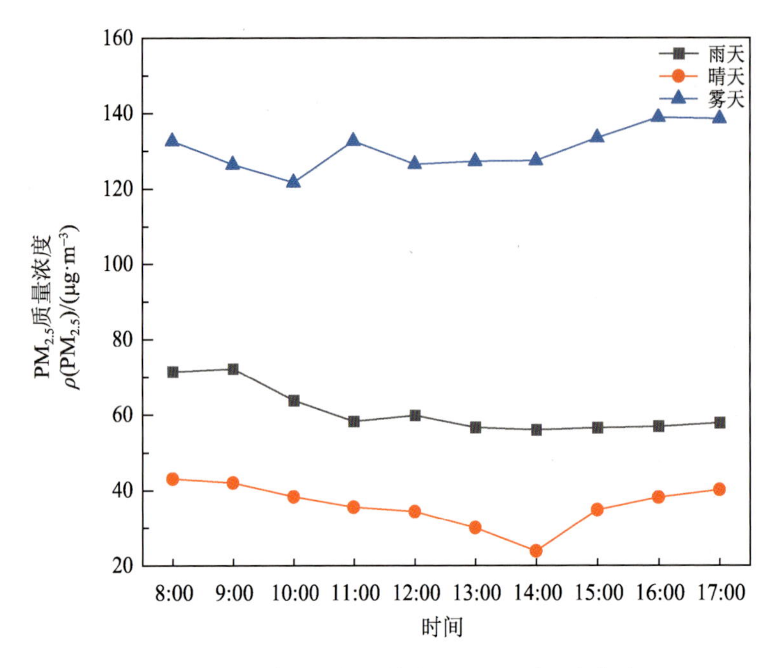

图 2-23 不同气象条件下的街区 $PM_{2.5}$ 质量浓度差异

2.4.4 细颗粒物质量浓度与微气候关联性

(1) 细颗粒物质量浓度与空气温度相关性

为研究 $PM_{2.5}$ 质量浓度与空气温度的关联性及相关程度，取各季节任一晴天的 14 个监测样点数据，对各时段 $PM_{2.5}$ 质量浓度和温度数据进行平均处理，并运用 SPSS 软件进行回归分析。其中夏季 $PM_{2.5}$ 质量浓度与温度相关系数为 −0.224，秋季 $PM_{2.5}$ 质量浓度与温度相关系数为 −0.720，冬季 $PM_{2.5}$ 质量浓度与温度相关系数为 −0.603。如图 2-24 所示，对 $PM_{2.5}$ 质量浓度和温度进行线性拟合，夏、秋、冬季的温度差异较大，各季节 $PM_{2.5}$ 质量浓度受温度影响的变化趋势有所不同，从夏季至冬季其变化趋势逐渐加剧，但各季节 $PM_{2.5}$ 质量浓度与温度均呈现显著负相关性[39]。主要原因是随着空气温度的上升，大气对流作用逐渐增强，从而增强 $PM_{2.5}$ 可扩散性，降低 $PM_{2.5}$ 质量浓度。相反，温度降低则容易出现逆温层，不利于 $PM_{2.5}$ 的扩散。

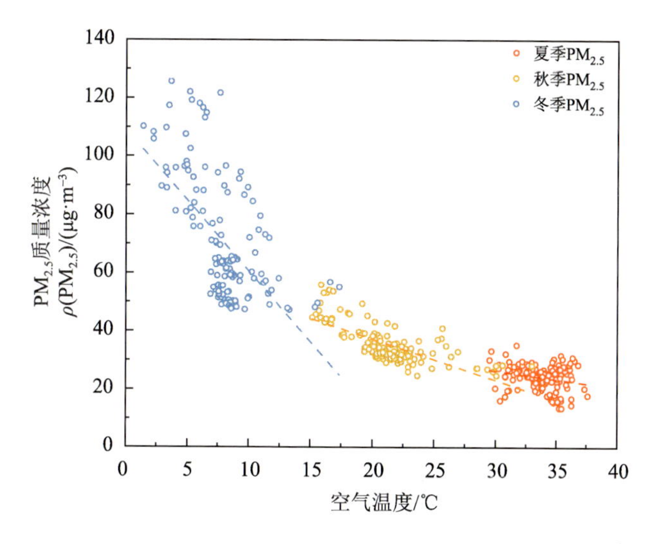

图 2-24　不同季节的街区 $PM_{2.5}$ 质量浓度与空气温度相关性

（2）细颗粒物质量浓度与相对湿度相关性

为研究 $PM_{2.5}$ 质量浓度与相对湿度的关联性及相关程度，取各季节任一晴天的 14 个监测样点数据，对各时段 $PM_{2.5}$ 质量浓度和相对湿度数据进行平均处理，并运用 SPSS 软件进行回归分析。其中夏季 $PM_{2.5}$ 质量浓度与相对湿度相关系数为 0.319，秋季 $PM_{2.5}$ 质量浓度与相对湿度相关系数为 0.776，冬季 $PM_{2.5}$ 质量浓度与相对湿度相关系数为 0.858。如图 2-25 所示，各季节 $PM_{2.5}$ 质量浓度受相

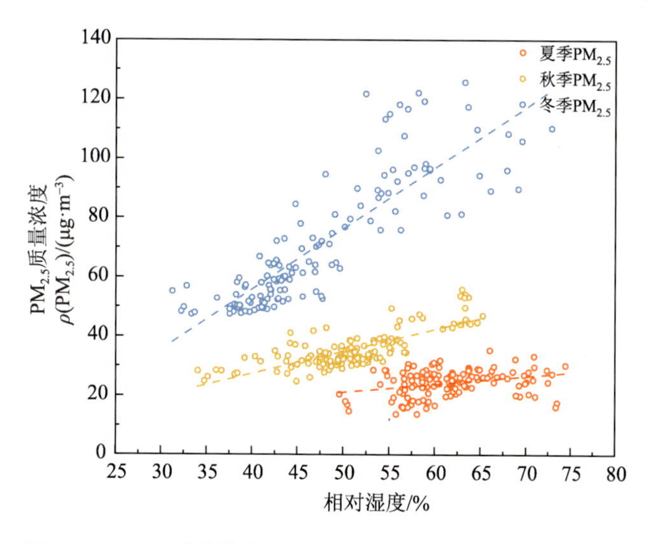

图 2-25　不同季节的街区 $PM_{2.5}$ 质量浓度与相对湿度相关性

对湿度影响的变化趋势有所不同，从夏季至冬季其变化趋势逐渐加剧，但各季节 $PM_{2.5}$ 质量浓度与相对湿度均呈现显著正相关性[40]。主要原因是相对湿度的增加会使 $PM_{2.5}$ 自身重量增加，从而使得 $PM_{2.5}$ 聚集。

(3) 细颗粒物质量浓度与风速相关性

为研究 $PM_{2.5}$ 质量浓度与风速的关联性及相关程度，取各季节任一晴天的 14 个监测样点数据，对各时段 $PM_{2.5}$ 质量浓度和风速数据进行平均处理，并运用 SPSS 软件进行回归分析。其中夏季 $PM_{2.5}$ 质量浓度与风速相关系数为 −0.172，秋季 $PM_{2.5}$ 质量浓度与风速相关系数为 −0.468，冬季 $PM_{2.5}$ 质量浓度与风速相关系数为 −0.609。如图 2-26 所示，各季节 $PM_{2.5}$ 质量浓度受风速影响的变化趋势有所不同，从夏季至冬季其变化趋势逐渐加剧，但各季节 $PM_{2.5}$ 质量浓度与风速均呈现显著负相关性[41]。主要原因在于空气流动会加快细颗粒物的扩散，进而降低细颗粒物浓度。

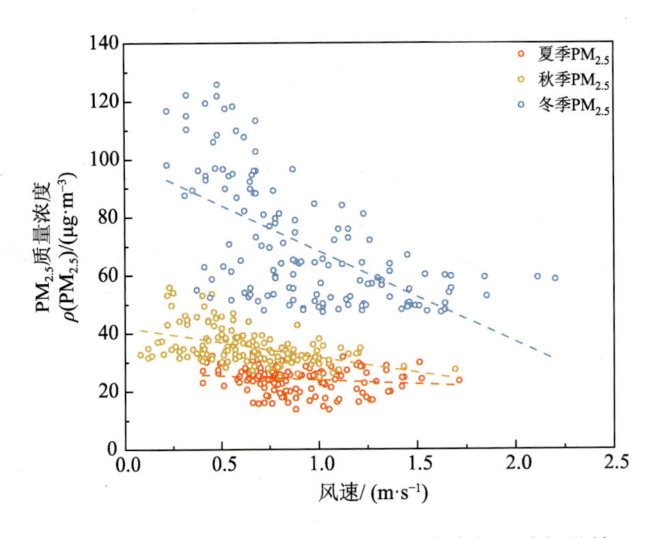

图 2-26　不同季节的街区 $PM_{2.5}$ 质量浓度与风速相关性

第三章

城市不同功能街道峡谷的细颗粒物分布特征

3.1 居住型街道

3.1.1 研究区域与范围

研究区域位于合肥市包河区同安街道，是合肥市典型的居住区域之一，周边有各类住宅区。研究范围为同安街道马鞍山路段，北至九华山路，南至秋浦河路。该段道路为高架路，高架下道路为双向六车道，中间为 2 m 宽绿化带，辅路为双机动车道与非机动车道混合式，辅路与主车道间有 1 m 宽的绿化隔离带。

3.1.2 监测方法与样本选取

测点布设采用优化布点法，综合考虑了街道峡谷内的污染物浓度、街道峡谷宽度、建筑高度和人口密集程度等因素，最终确定 5 个测点进行实地监测，分析城市街道峡谷细颗粒物质量浓度的时空分布特征，如图 3-1 所示。

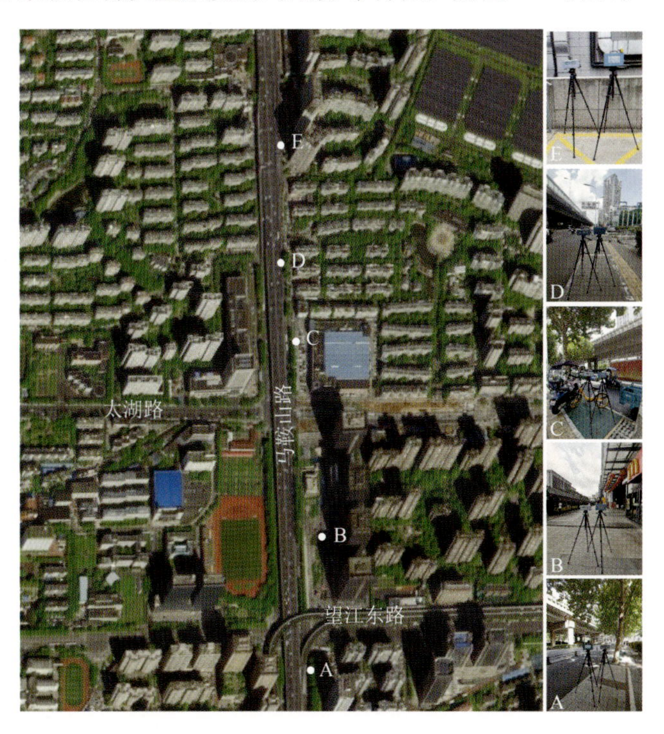

图 3-1　研究区域选点建筑空间形态分布图

根据街道峡谷测点的分布，配置 ONETEST－500 粉尘浓度监测仪和 KESTREL 5500 手持式风速气象仪各五台。实测时间为 2021 年 8 月 7—9 日和 2022 年 3 月 3—5 日，每天 8:00—18:00 监测街道峡谷内的温湿度、风速、$PM_{2.5}$ 和 PM_{10} 质量浓度，测试期间天气晴朗，空气状况较一致。测试每 2 s自动记录一次数据，测试高度距离地面 1.5 m，与人体呼吸高度保持一致。

3.1.3 时间变化特征

时间序列是一种直观图形，它通过现象指数随时间的变化来描述现象的演化过程[42]，可以用来观察现象的周期性、趋势性、异常性以及季节性演变的状况。以每小时为时间段，对各个实测样点的 $PM_{2.5}$、PM_{10} 质量浓度随时间变化的趋势进行统计分析。由图 3-2 可知，$PM_{2.5}$、PM_{10} 平均质量浓度整体呈现出多峰变化特征。

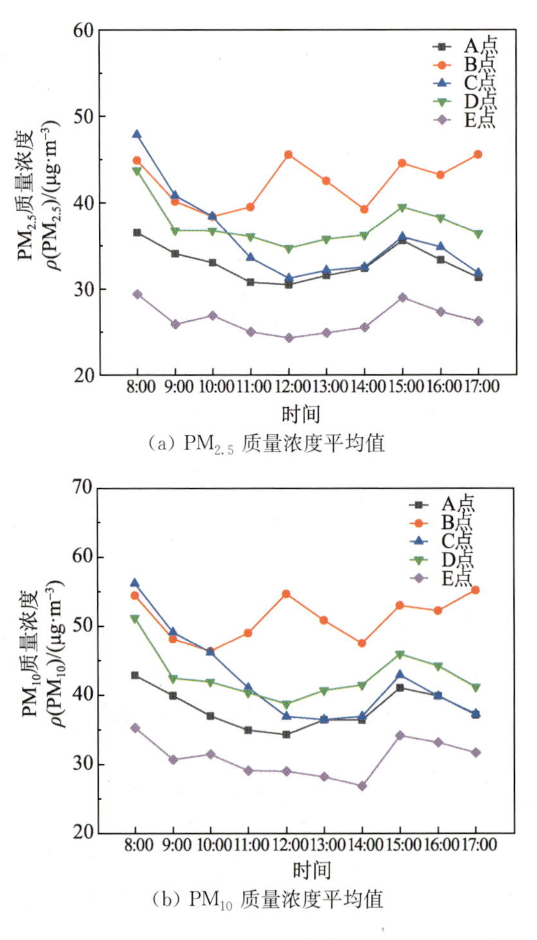

(a) $PM_{2.5}$ 质量浓度平均值

(b) PM_{10} 质量浓度平均值

图 3-2　$PM_{2.5}$、PM_{10} 质量浓度日内分布平均值

图 3-2（a）反映出不同时间节点 $PM_{2.5}$ 质量浓度随时间变化的规律，街道峡谷内 $PM_{2.5}$ 质量浓度平均值为 34.41 μg · m^{-3}。$PM_{2.5}$ 质量浓度平均值在 8:00—9:00 区间最高，为 47.86 μg · m^{-3}；在 12:00—13:00 区间最低，为 30.49 μg · m^{-3}。图 3-2（b）反映出不同时间节点 PM_{10} 质量浓度随时间变化的规律，街道峡谷内 PM_{10} 质量浓度平均值为 40.23 μg · m^{-3}。PM_{10} 质量浓度平均值在 8:00—9:00 区间最高，为 56.20 μg · m^{-3}；在 14:00—15:00 区间最低，为 26.85 μg · m^{-3}。因此，建议同安街道非必要出行的居民避开工作日早高峰时期，选择下午 12:00—15:00 区间出行。

3.1.4　空间变化特征

（1）总体分布特征

由于各个实测样点所处的街道峡谷形态特征不同，其环境的细颗粒物质量浓度也不尽相同。如图 3-3 所示，对 $PM_{2.5}$、PM_{10} 质量浓度随测点位置变化的趋势进行统计分析，不同测点的 $PM_{2.5}$、PM_{10} 质量浓度变化呈 M 形。

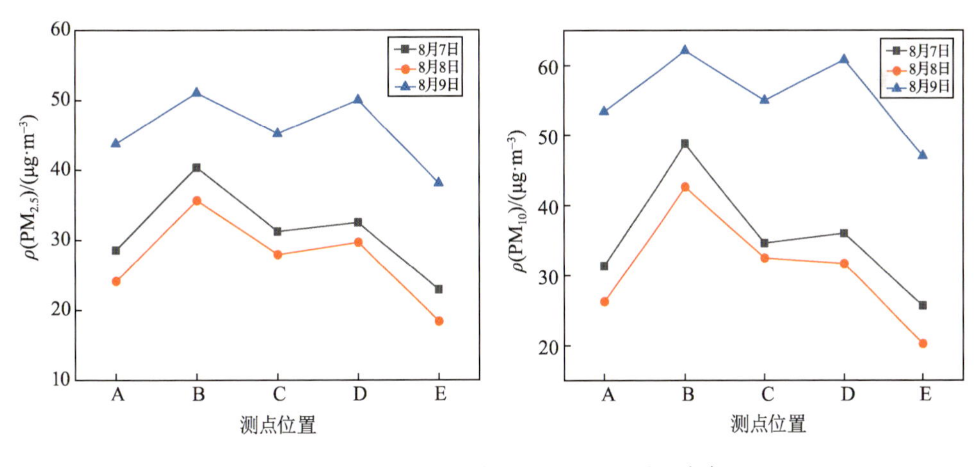

图 3-3　街谷内各测点 $PM_{2.5}$、PM_{10} 质量浓度

由图 3-3 可知，各测点的 $PM_{2.5}$ 平均质量浓度从大到小的排序依次为：B 点（42.38 μg · m^{-3}）>D 点（37.42 μg · m^{-3}）>C 点（34.81 μg · m^{-3}）>A 点（32.16 μg · m^{-3}）>E 点（26.47 μg · m^{-3}），PM_{10} 平均质量浓度从大到小的排序依次为：B 点（51.20 μg · m^{-3}）>D 点（42.84 μg · m^{-3}）>C 点（40.71 μg · m^{-3}）>A

点（37.01 μg・m^{-3}）>E点（30.98 μg・m^{-3}）。总体看来，测点A和测点E附近的街道峡谷空气较清洁，测点B和测点D附近的空气轻微污染。

以街道峡谷不同测点的细颗粒物质量浓度分布为例（2021年8月7—9日与2022年3月3—5日），3月4日5个测点$PM_{2.5}$和PM_{10}平均质量浓度均高于其他五天，可能是因为春季气温较低，相对湿度较高，风速较小，气象条件不利于空气流通和污染物扩散，从而导致细颗粒物浓度升高；另外3月3日为工作日，出行车辆密度较高，机动车尾气排放量也高于休息日。六天内B点在3月3日$PM_{2.5}$和PM_{10}平均质量浓度最高，分别为67.92 μg・m^{-3}、77.61 μg・m^{-3}；E点在8月8日$PM_{2.5}$和PM_{10}平均质量浓度最低，分别为22.92 μg・m^{-3}、25.65 μg・m^{-3}。3月3日，B点$PM_{2.5}$和PM_{10}平均质量浓度最高；E点$PM_{2.5}$和PM_{10}平均质量浓度最低，分别为52.25 μg・m^{-3}、64.48 μg・m^{-3}。两点间的$PM_{2.5}$和PM_{10}平均质量浓度分别相差15.67 μg・m^{-3}、13.13 μg・m^{-3}。

（2）各测点环境特征

如图3-4所示，测点A位于非对称街道峡谷，街谷高宽比（H/W）=0.82，建筑高度比（H_{LB}/H_{WB}）<1。测点A位于十字路口背风建筑一侧的灌木绿化带附近，北侧为城市退让空间，建筑退界为60 m，广场为带有绿化的停车场空间，街道峡谷的$PM_{2.5}$质量浓度为37.24 μg・m^{-3}，PM_{10}质量浓度为44.06 μg・m^{-3}。

测点B位于非对称街道峡谷，位于下沉广场内商场地下一层室外小吃街，下沉高度约为3.5 m，建筑退界为55 m。周边餐饮商户众多，增加了污染物的排放，街道峡谷的$PM_{2.5}$质量浓度为47.15 μg・m^{-3}，PM_{10}质量浓度为55.04 μg・m^{-3}，均高于其他测点。

测点C位于非对称街道峡谷，位于商场前广场，建筑退界为40 m，毗邻商场小型地面停车场，与测点A对比，测点C的停车场无绿化覆盖。周边为多层住宅，人流量较大且靠近汽车尾气污染源排放位置，街道峡谷的$PM_{2.5}$质量浓度为41.84 μg・m^{-3}，PM_{10}质量浓度为49.77 μg・m^{-3}。

测点D位于非对称街道峡谷，位于多层商住楼前人行道上，无建筑退界，人流量及流动的车流量较大，汽车停留时间长，没有植被绿化，易造成高质量浓度的$PM_{2.5}$堆积，街道峡谷的$PM_{2.5}$质量浓度为41.84 μg・m^{-3}，PM_{10}质量浓度为49.77 μg・m^{-3}。

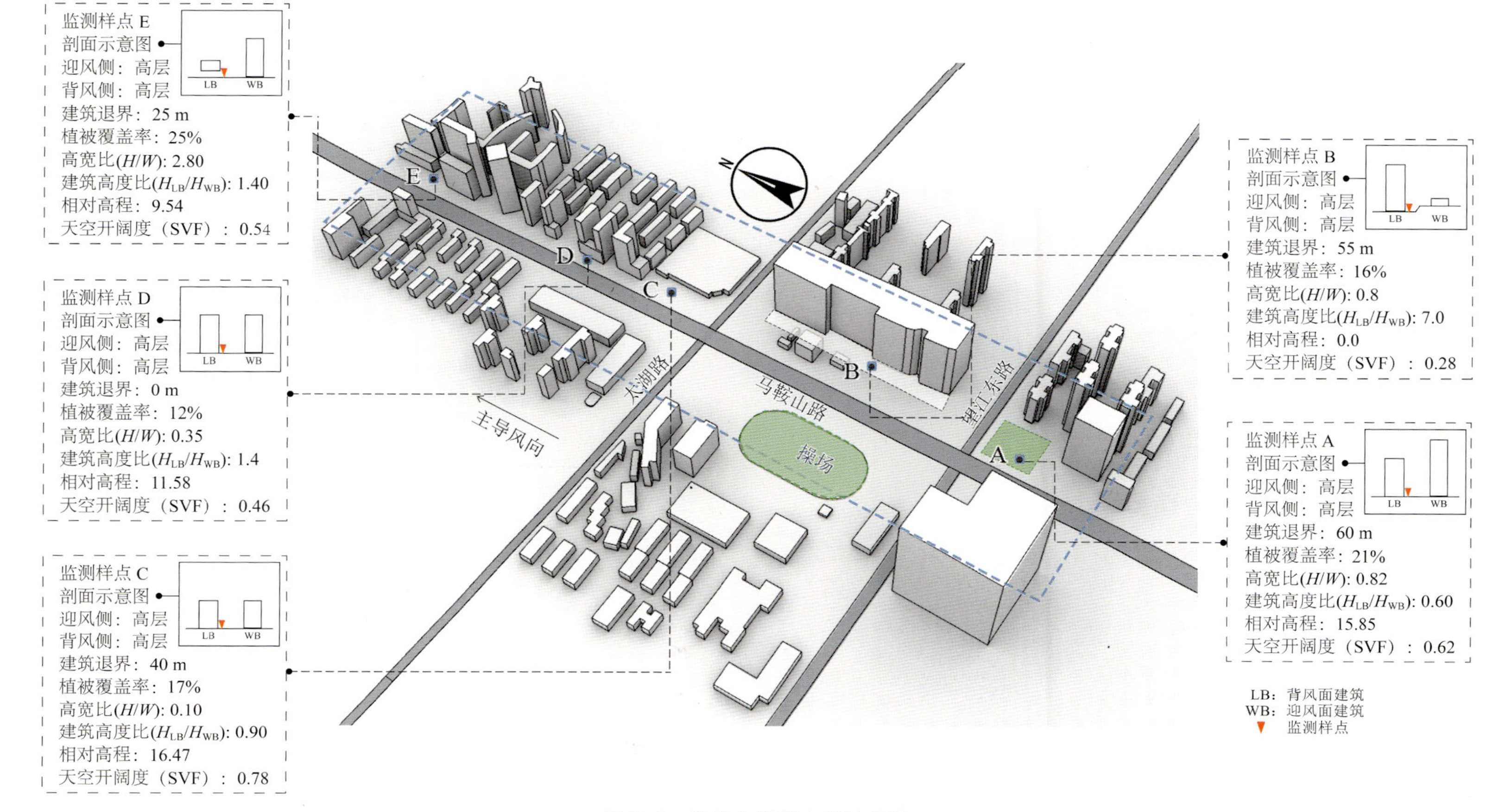

图 3-4　街谷空间形态设计指标

测点 E 位于非对称街道峡谷，位于小区入口处口袋公园内，建筑退界为 25 m。公园内有树木和大量的灌木绿化带，对 $PM_{2.5}$ 质量浓度起到有效降低作用，数据显示，街道峡谷的 $PM_{2.5}$ 质量浓度为 30.61 $\mu g \cdot m^{-3}$，PM_{10} 质量浓度为 35.54 $\mu g \cdot m^{-3}$。因此，在城市设计中推荐使用测点 E 的街道峡谷形态，能有效降低街道峡谷内部的 $PM_{2.5}$ 质量浓度。

3.2 工业型街道

3.2.1 研究区域与范围

研究区域位于合肥市瑶海区，是合肥市四大老城区之一、重要的交通枢纽、老工业基地产业转型示范区和老城区更新改造示范区[43]。辖区有一个火车站、三大广场、三个汽车站和六大专业市场[44]，通勤时间内车流量大、人流密集。如图 3-5 所示，研究范围为长淮街道胜利路段，北至北一环路，南至淮南路。该

图 3-5 监测街道峡谷的范围

段道路宽 42 m，主路为双向八车道，最外侧均有宽 4 m 的辅路，辅路与主车道间有宽 1 m 的绿化隔离带。

3.2.2 监测方法与样本选取

本研究根据建筑布局、街谷高宽比、街道长宽比、植物绿化、风向风速、下垫面等特征指标综合选取并确定实测样点，分析城市街道峡谷 $PM_{2.5}$ 质量浓度的时空分布特征，最终确定 7 个测点进行实地观测，并以三里街国控点（H 点）作为对照进行评价，如图 3-6 所示。

图 3-6　实测样点分布

实测选择在 2021 年 1 月 22—24 日进行，每天 8:00—17:00，监测街道峡谷内的 $PM_{2.5}$ 质量浓度、温湿度和风速，监测期间天气晴朗，天气状况较一致。根据街道峡谷测点的分布，配置 7 台粉尘浓度监测仪和 7 台风速气象仪。监测过程中每 2 s 记录 1 次数据，监测高度与一般人体呼吸高度一致，距离地面 1.5 m。

3.2.3 时间变化特征

如图 3-7 所示，$PM_{2.5}$ 日均质量浓度均呈现出“W”形变化特征。可以看出 3 天内不同测点 $PM_{2.5}$ 质量浓度随时间变化的规律，街道峡谷 $PM_{2.5}$ 质量浓度平均值为 125.54 μg・m^{-3}。$PM_{2.5}$ 质量浓度在 12:00—13:00 区间最高，均值为 135.96 μg・m^{-3}；在 9:00—10:00 区间最低，均值为 122.15 μg・m^{-3}；在 13:00—14:00 区间第二低，均值为 122.71 μg・m^{-3}。因此，建议长淮街道的市民避开工作日午高峰时期出行，以降低城市街区 $PM_{2.5}$ 质量浓度。

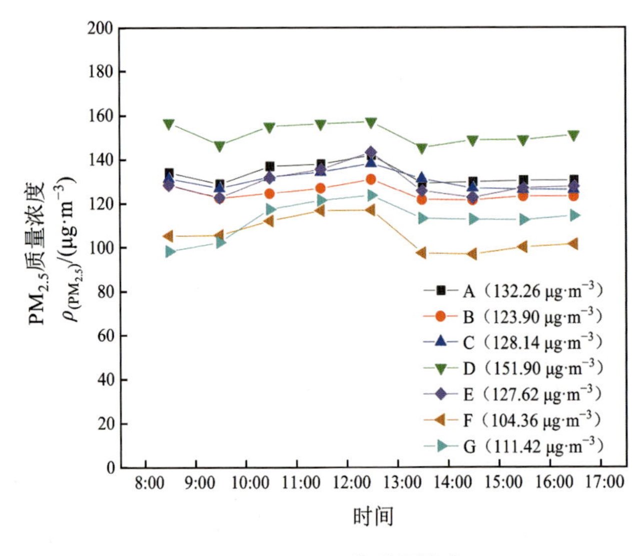

图 3-7 $PM_{2.5}$ 日均质量浓度

3.2.4 空间变化特征

如图 3-8 所示，3 天内 D 点在 1 月 22 日 $PM_{2.5}$ 质量浓度最高，为 260.52 μg・m^{-3}；F 点在 1 月 23 日 $PM_{2.5}$ 质量浓度最低，为 63.17 μg・m^{-3}。1 月 22 日，D 点 $PM_{2.5}$ 质量浓度最高，为 260.52 μg・m^{-3}，F 点 $PM_{2.5}$ 质量浓度最低，为 170.80 μg・m^{-3}，两点 $PM_{2.5}$ 质量浓度相差 89.72 μg・m^{-3}。其中，1 月 22 日 $PM_{2.5}$ 背景浓度较高①。由图 3-8 可知，合肥市街道峡谷 $PM_{2.5}$ 质量浓度由高到低的空间分布排序为：D 点（151.90 μg・m^{-3}）>A 点（132.26 μg・m^{-3}）>C 点（128.14 μg・m^{-3}）>E 点（127.62 μg・m^{-3}）>B 点（123.90 μg・m^{-3}）>G 点（111.42 μg・m^{-3}）>F 点（104.36 μg・m^{-3}）。因此，在城市设计中，建议使用 F 点和 G 点的街道峡谷空间形态，而避免使用 A 点和 D 点的街道峡谷空

① 背景浓度（Background Concentration）是指在没有明显的污染源或虽有污染源而不排放污染物的条件下，由环境风从其他地区输送过来以及由各种不明显的小污染源造成的污染物的浓度。观察数据可以发现 1 月 22 日 $PM_{2.5}$ 的背景浓度很高。

间形态，进而降低街道峡谷内的 $PM_{2.5}$ 质量浓度。

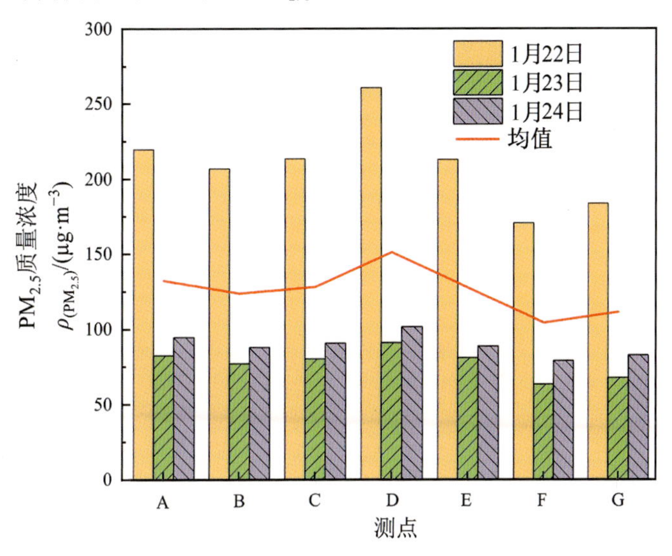

图 3-8　各测点 $PM_{2.5}$ 质量浓度

为较好地反映街道峡谷 $PM_{2.5}$ 质量浓度的空间分布，本研究引入街道峡谷封闭比（Street Canyon Enclosure Ratios，SCER）的概念，定义街道峡谷封闭比为背风面建筑高度、道路宽度和迎风面建筑高度三者连续的比值。

如图 3-9 所示，A 点位于对称街道峡谷，SCER＝1∶1∶1，即标准型街道峡谷。A 点位于道路交叉口迎风面建筑侧，周边为高层建筑，没有植物绿化，靠近

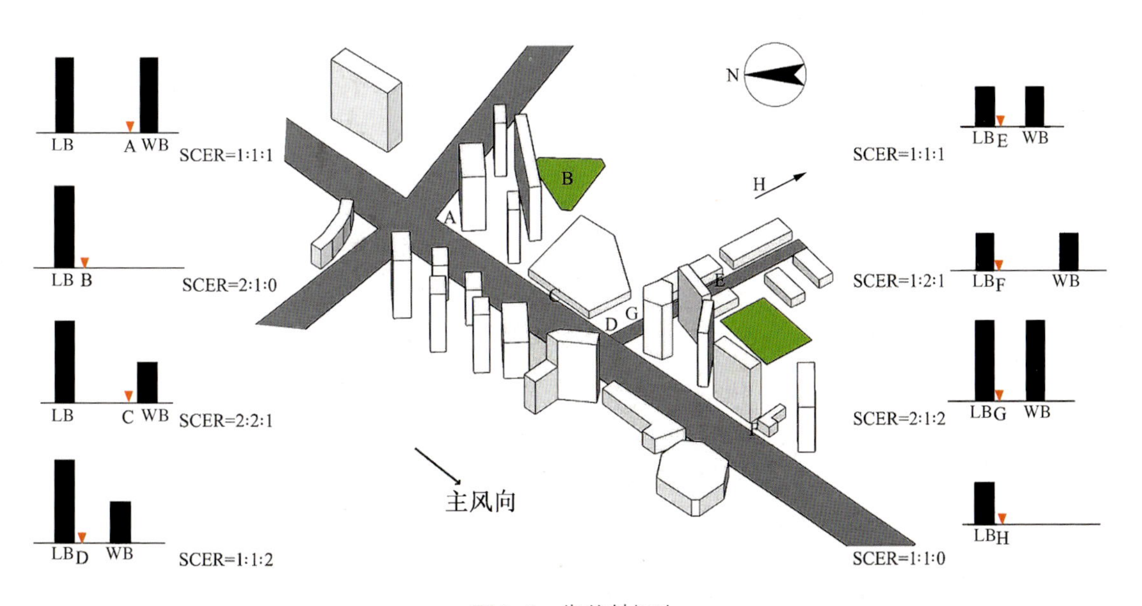

图 3-9　街谷封闭比

汽车尾气污染源排放位置，且人流量和车流量大，汽车停留时间长，街道峡谷的 $PM_{2.5}$ 质量浓度为 132.26 μg・m^{-3}。

B 点位于非对称街道峡谷，SCER=2∶1∶0，即下降型街道峡谷。B 点位于小区公园绿地，周边乔木、灌木和草地较多，对 $PM_{2.5}$ 质量浓度起到一定的降低作用。且 B 点位于高层商住楼后塑胶运动场上，即高层建筑背风处，对 $PM_{2.5}$ 的传输起到一定的阻挡作用，$PM_{2.5}$ 质量浓度为 123.90 μg・m^{-3}。

C 点位于非对称街道峡谷，SCER=2∶2∶1，即下降型街道峡谷。C 点位于主干道旁迎风面建筑侧，周边为高层和多层建筑，虽人流量和车流量较大，但停留时间短，且测点周边有灌木绿化带，对 $PM_{2.5}$ 质量浓度起到一定的降低作用，$PM_{2.5}$ 质量浓度为 128.14 μg・m^{-3}。对比 A、C 两点可知，其他条件不变，降低迎风面建筑高度，能降低街道峡谷内部的 $PM_{2.5}$ 质量浓度。

D 点位于非对称街道峡谷，SCER=1∶1∶2，即上升型街道峡谷。D 点位于主次干道交叉口多层建筑侧，没有植物绿化，靠近汽车尾气污染源排放位置，且人流量和车流量大，汽车停留时间长，因此 $PM_{2.5}$ 质量浓度高，为 151.90 μg・m^{-3}。上升型街道峡谷的背风侧易造成高质量浓度 $PM_{2.5}$ 堆积。因此，建议在城市设计中，避免设计上升型街道峡谷的背风侧建筑，同时也建议在上升型街道峡谷的背风侧增设垂直绿化以减少空气污染。

E 点位于对称街道峡谷，SCER=1∶1∶1，即标准型街道峡谷。E 点位于次干道旁，周边为多层建筑，人流量和车流量较大，停留时间短，且测点周边有灌木绿化带，对 $PM_{2.5}$ 质量浓度起到一定的降低作用，$PM_{2.5}$ 质量浓度为 127.62 μg・m^{-3}。

F 点位于对称街道峡谷，SCER=1∶2∶1，即宽阔型街道峡谷。F 点位于主干道旁人行道一侧，虽人流量和车流量较大，但停留时间短，且靠近 1 m 宽的由乔木与灌木组成的绿化带，该绿化带对 $PM_{2.5}$ 的消减作用很大，导致 $PM_{2.5}$ 质量浓度降低，为 104.36 μg・m^{-3}。对比 E、F 两点可知，其他条件不变，增加街道宽度，能降低街道峡谷内部的 $PM_{2.5}$ 质量浓度。

G 点位于对称街道峡谷，SCER=2∶1∶2，即狭窄型街道峡谷。G 点位于一般街道峡谷内，人流量和车流量很小，且风速较大，$PM_{2.5}$ 的扩散作用很大，导致 $PM_{2.5}$ 质量浓度较低，为 111.42 μg・m^{-3}。因此，建议在城市设计中考虑主导风向，利用城市通风廊道减小街道峡谷内的 $PM_{2.5}$ 质量浓度。

3.3 商业型街道

3.3.1 研究区域与范围

研究区域位于合肥市蜀山区三里庵街道，是合肥市典型的商业区域之一，周边有大型商业综合体。通勤时间内车流量大、人流密集，且街道两侧密集建筑形成的街道峡谷环境不利于交通污染物的快速扩散。研究范围为五里墩立交桥至环城公园一段，该段道路长 1.4 km，宽 42 m，主路为双向八车道，其两侧分别为 4 条主车道，最外侧均有宽 4 m 的辅路，辅路与主车道间有宽 1 m 的绿化隔离带。

3.3.2 监测方法与样本选取

监测时间为 2021 年夏季，其中移动监测时间为 8 月 2—6 日早晚通勤时间（7:20—9:20，17:00—18:30），固定监测时间则为 8 月 9—11 日的日间（8:00—18:00）。监测期间天气状况较一致，均为晴稳天气。移动监测仪器采用国产 Sniffer4D 灵嗅移动监测系统，卫星定位精度±2 m，主要监测对象为 $PM_{2.5}$；固定监测仪器采用 ONETEST-500 粉尘浓度监测仪与 KESTREL 5500 风速气象仪，二者同步监测，主要监测对象为 $PM_{2.5}$、空气温度、相对湿度及风速。各仪器均经过计量质量检测校准，测量精度和准确度较好。

研究采用移动监测与固定监测相结合的方式，首先通过移动监测得到该街道 $PM_{2.5}$ 的空间分布，根据 $PM_{2.5}$ 质量浓度峰值差异进行筛选，再结合街道峡谷空间形态最终确定固定监测样点。移动监测采用电单车的移动方式，将仪器安装于距离地面 1.5 m 高度处，与人体呼吸高度大致相同。监测时，车辆以 2～3 $m \cdot s^{-1}$ 的速度匀速往返 4 圈，仪器以每秒计数的采样频率，实时监测道路污染物浓度，GPS 以每秒计数的采样频率记录实时移动轨迹。固定监测仪器分布于街道峡谷各监测样点，并安装于距离地面 1.5 m 高度处，每 2 s 记录一次数据。同步对街道峡谷车流量进行监测，每 30 min 进行一次计数，每次计数 10 min，而后取平均值作为该时刻的车流量。

通过移动监测数据，得到 $PM_{2.5}$ 在该街区的整体空间分布状况。为进一步确定街道峡谷的空间形态对内部细颗粒物质量浓度的影响，采用粉尘浓度监测仪对街道峡谷进行固定监测。如图 3-10 所示，$PM_{2.5}$ 在 A、B 区域质量浓度相对较高，出现较为明显的集聚点。对比两个区域得知，A 区域为商业区域且建筑空间形态较为丰富，因此在 A 区域设置固定监测样点。如图 3-11 所示，设置 4 个监测样点，从左至右编号依次为 A、B、C、D。

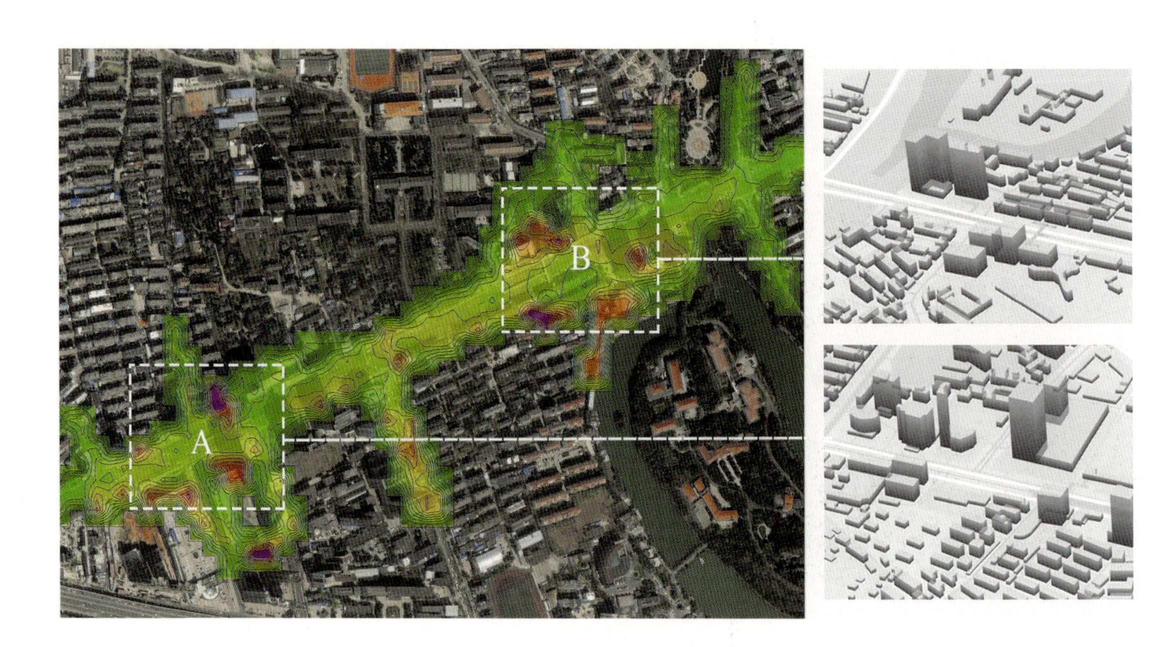

图 3-10 街区 $PM_{2.5}$ 质量浓度空间分布

其中，A 点两侧建筑均为多层建筑，为宽街谷；测点位于背风面多层建筑侧，靠近国购广场，人流量较大。B 点背风面建筑为多层建筑，迎风面建筑为高层建筑；测点位于迎风面建筑侧，靠近小吃街，人流量大。C 点背风面建筑为高层建筑，迎风面建筑为多层建筑；测点位于背风面高层建筑侧，靠近之心城，其附近有主次干道交叉口，车流量大，且靠近地下车库入口，汽车停留时间长。D 点两侧均为高层建筑，为窄街谷；测点位于迎风面高层建筑侧，该点植物绿化较丰富。

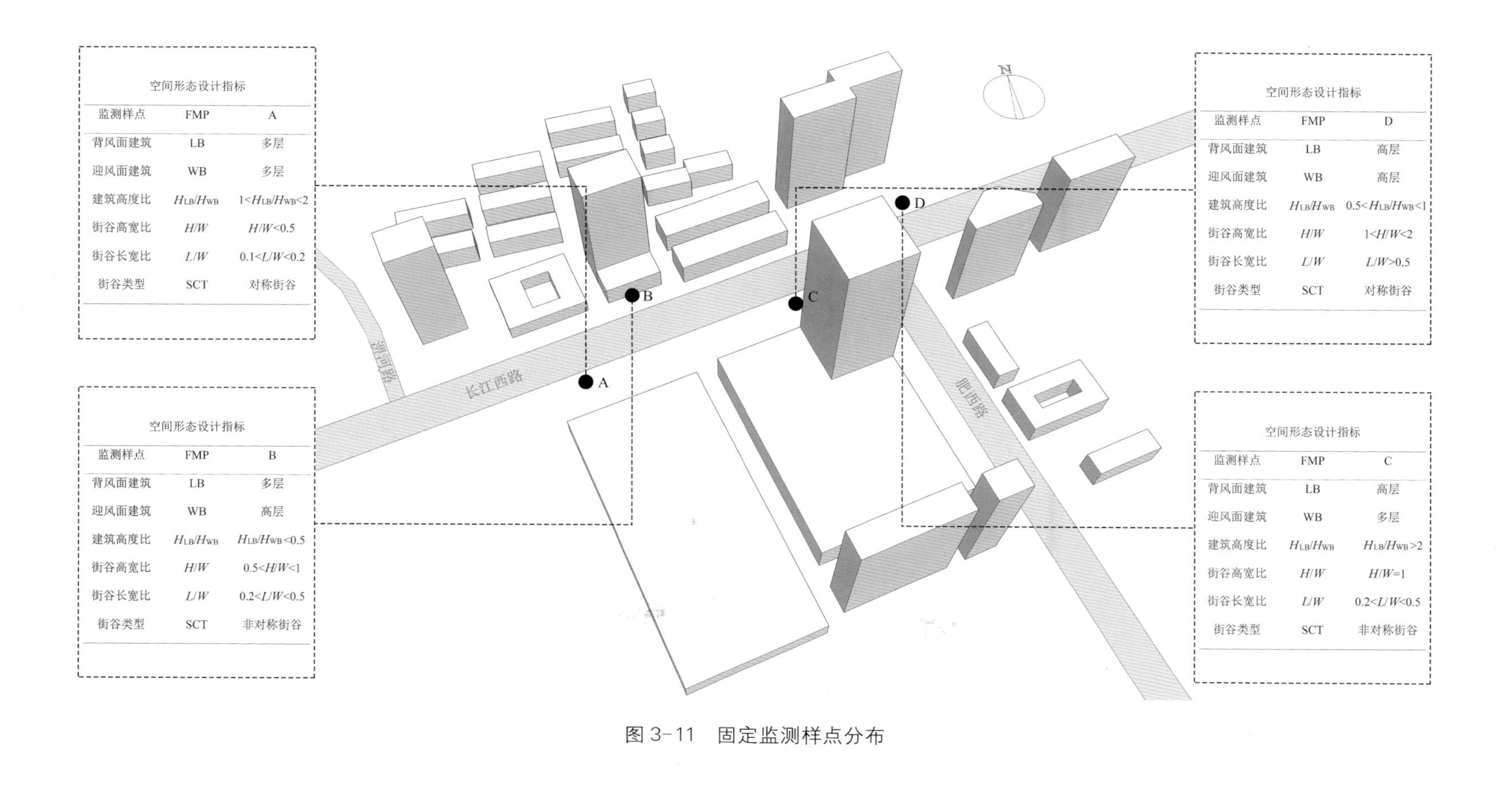

图3-11　固定监测样点分布

3.3.3 时间变化特征

根据不同时间和监测样点，对街谷内 $PM_{2.5}$ 质量浓度随时间和空间变化的趋势进行统计分析。为保证基础数据的有效性及精确性，首先在 Excel 中对各监测样点的 $PM_{2.5}$ 质量浓度、温度、相对湿度及风速等数据进行统一。通过去除超过研究时间段的数据及因行人吸烟引起的 $PM_{2.5}$ 质量浓度急剧升高等异常数据，得到 4 个监测样点的 3 天有效数据共 51 000 条，取平均值进一步分析。

如图 3-12 所示，总体而言，3 天的 $PM_{2.5}$ 质量浓度在日际变化上呈现出连续递减的趋势，日内变化上呈现出先下降后上升的趋势，同时在 14:00—15:00 达低谷值，且有明显的通勤高峰现象[32]。其中 $PM_{2.5}$ 平均质量浓度由高到低依次为 55.69 $\mu g \cdot m^{-3}$（8 月 9 日）>50.1 $\mu g \cdot m^{-3}$（8 月 10 日）>15.37 $\mu g \cdot m^{-3}$（8 月 11 日）。

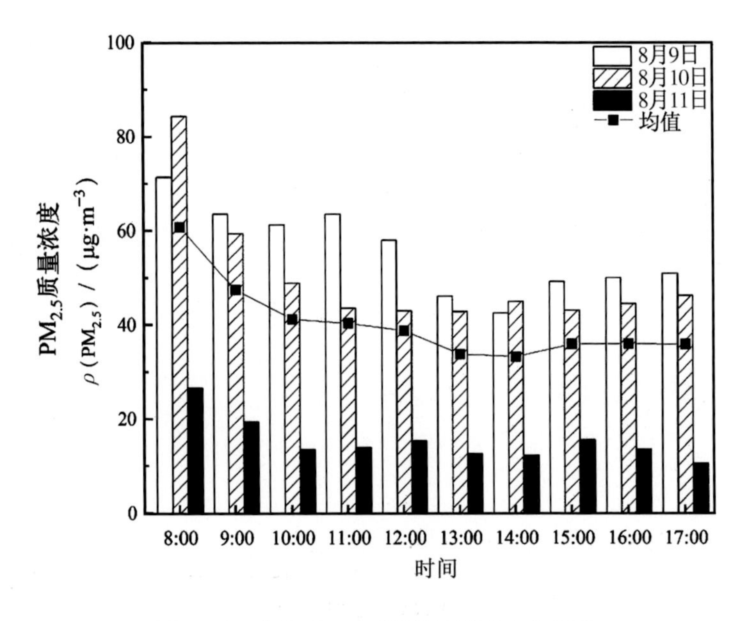

图 3-12 街谷 $PM_{2.5}$ 质量浓度时间变化规律

3.3.4 空间变化特征

如图 3-13 所示，该区域的 $PM_{2.5}$ 出现较为明显的空间集聚点，大部分集中

(a) 区域环境现状

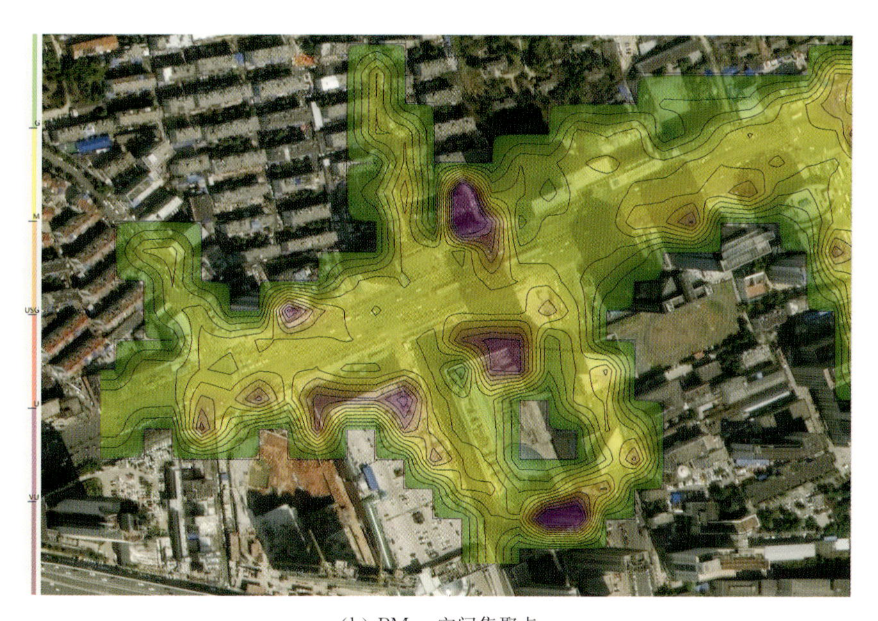

(b) $PM_{2.5}$ 空间集聚点

图 3-13　街道峡谷 $PM_{2.5}$ 质量浓度空间分布

于主干道长江西路两侧的建筑附近，$PM_{2.5}$ 质量浓度均值约为 46.8 $\mu g \cdot m^{-3}$，主要是因为主干道大量的机动车尾气排放造成了较高的污染[45]。在建筑附近聚集主要是因为建筑的遮挡具有改变街道峡谷风环境的作用[46]，从而影响 $PM_{2.5}$ 扩散，导致其在建筑侧的聚集。而在支路肥西路高层建筑附近出现了明显的 $PM_{2.5}$ 集聚点，$PM_{2.5}$ 质量浓度均值约为 50.4 μg·m^{-3}，同样验证了除机动车外，街道峡谷的建筑空间形态对 $PM_{2.5}$ 质量浓度的影响[47]。如图 3-14 所示，各监测样点 $PM_{2.5}$ 平均质量浓度由高到低依次为 B 点（42.48 μg·m^{-3}）>D 点（39.45 μg·m^{-3}）>C 点（39.38 μg·m^{-3}）>A 点（39.28 μg·m^{-3}）。

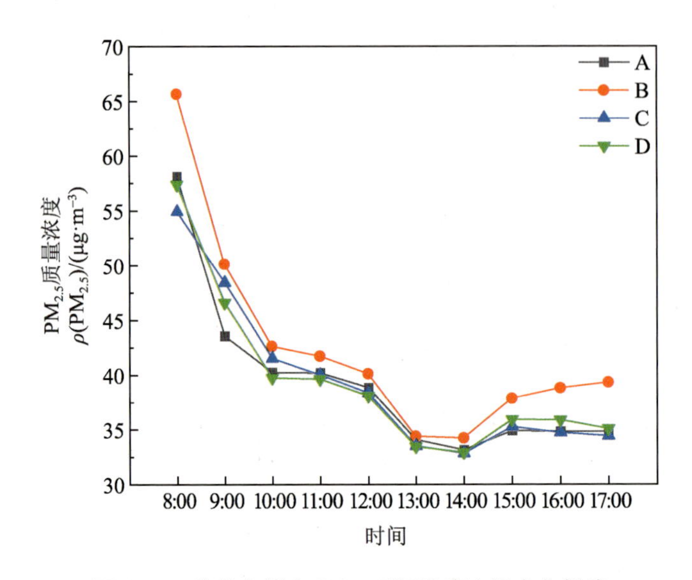

图 3-14　街谷各测点 $PM_{2.5}$ 质量浓度空间变化规律

3.4　办公型街道

3.4.1　研究区域与范围

合肥市庐阳区位于合肥市区中北部，辖区面积 137.6 km^2，全区常住人口为 69.7 万人。研究范围为亳州路街道北一环路段，西至亳州路，东至蒙城路，周边多为办公楼，高层建筑密集。该段道路宽 42 m，为双向八车道，两侧均有 4 m宽的非机动车道，非机动车道与机动车道间设置 1 m 宽的绿化隔离带。

3.4.2　监测方法与样本选取

如图 3-15 所示，根据街道两侧建筑空间形态特征，选取并确定 4 个监测样点。监测在 2022 年 2 月 28—3 月 2 日的 8:00—18:00 进行，通过粉尘浓度监测仪与风速气象仪对街道峡谷内的 $PM_{2.5}$ 质量浓度、温湿度和风速进行同步监测。监测期间天气状况较一致，均为晴稳天气。监测仪器分布于街道峡谷各监测样点，安装高度距离地面 1.5 m，与一般人体呼吸高度保持一致，每 2 s 记录一次数据。

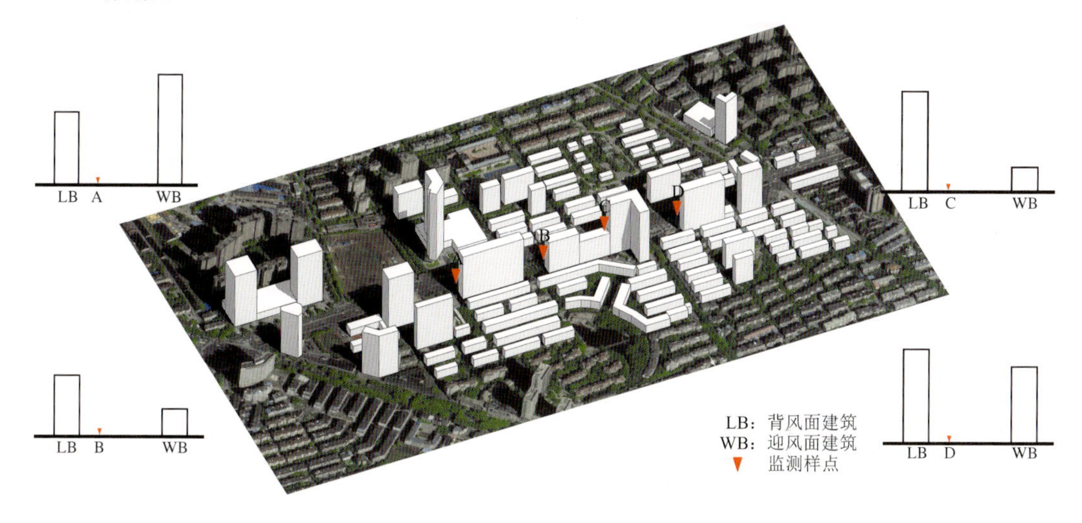

图 3-15　研究区域概况及监测样点分布

3.4.3　时间变化特征

通过对 3 天内各个时间段的数据进行平均处理，得到不同测点 $PM_{2.5}$ 质量浓度随时间的变化规律。如图 3-16 所示，该街道峡谷内的 $PM_{2.5}$ 日内质量浓度整体呈现出先上升后下降的趋势，并于 10:00—11:00 达到峰值。三天 $PM_{2.5}$ 平均质量浓度为 81.96 $\mu g \cdot m^{-3}$，其中 10: 00—11: 00 区间浓度最高，为 105.71 $\mu g \cdot m^{-3}$；17:00—18:00 区间浓度最低，为 49.04 $\mu g \cdot m^{-3}$。因此建议庐阳区亳州路街道的居民及过往行人，在非必要出行的情况下，尽量避开上午高峰时期，以降低 $PM_{2.5}$ 对身体健康的危害，也能在一定程度上减少堵车造成的 $PM_{2.5}$ 排放。

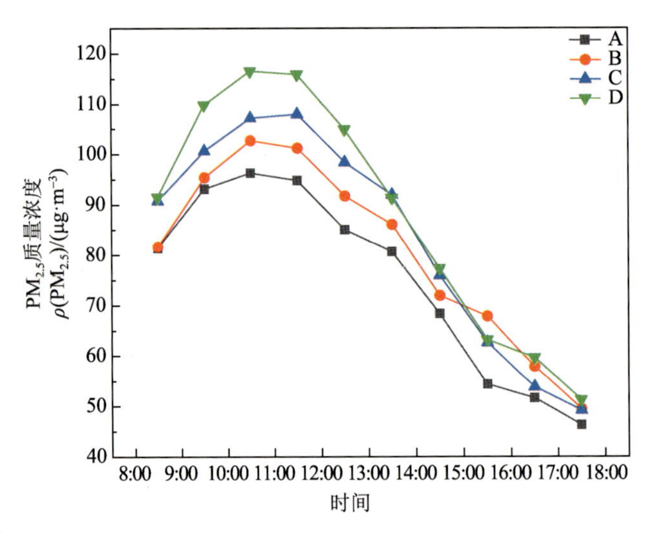

图 3-16 $PM_{2.5}$ 日均质量浓度

3.4.4 空间变化特征

(1) 总体分布特征

通过对各个测点的 3 天数据进行平均处理，得到各测点 $PM_{2.5}$ 平均质量浓度的分布情况，如图 3-17 所示。总体而言，街道峡谷内各测点的 $PM_{2.5}$ 平均质量浓度由高到低依次为 D 点（88.13 $\mu g\cdot m^{-3}$）>C 点（83.84 $\mu g\cdot m^{-3}$）>B 点（80.66 $\mu g\cdot m^{-3}$）>A 点（75.2 $\mu g\cdot m^{-3}$），其中 A 点 $PM_{2.5}$ 平均质量浓度最低，D 点 $PM_{2.5}$ 平均质量浓度最高，两者相差 12.93 $\mu g\cdot m^{-3}$。3 天内，2 月 28 日 D 点 $PM_{2.5}$ 质量浓度最高，为 91.84 $\mu g\cdot m^{-3}$，B 点 $PM_{2.5}$ 质量浓度最低，为 76.45 $\mu g\cdot m^{-3}$；3 月 1 日 D 点 $PM_{2.5}$ 质量浓度最高，为 111.07 $\mu g\cdot m^{-3}$，A 点 $PM_{2.5}$ 质量浓度最低，为 91.68 $\mu g\cdot m^{-3}$；3 月 2 日 D 点 $PM_{2.5}$ 质量浓度最高，为 61.47 $\mu g\cdot m^{-3}$，A 点 $PM_{2.5}$ 质量浓度最低，为 54.26 $\mu g\cdot m^{-3}$。各测点 $PM_{2.5}$ 质量浓度存在差异，这与街道峡谷内的温湿度、风环境、车流量等均有一定关系。

(2) 各测点环境特征

通过各监测样点的 $PM_{2.5}$ 平均质量浓度可以得出，街道峡谷内 $PM_{2.5}$ 质量浓

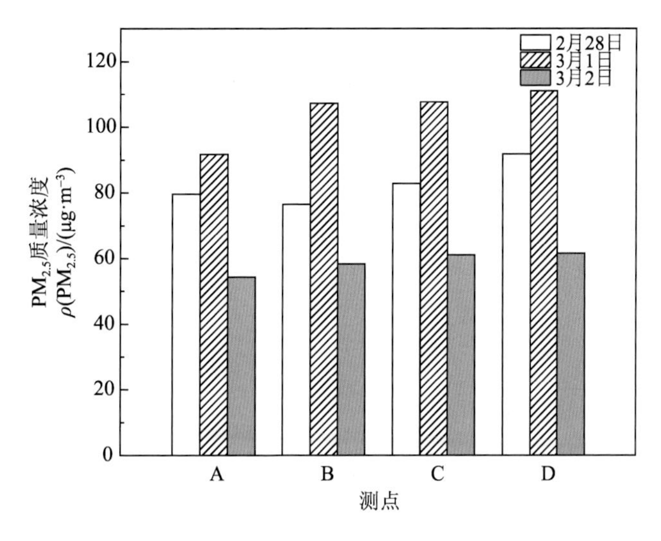

图 3-17 各测点 $PM_{2.5}$ 质量浓度

度的空间分布特征是距离机动车污染源越近，$PM_{2.5}$ 质量浓度越高；绿化层次越丰富，$PM_{2.5}$ 质量浓度越低。

如图 3-18 所示，A 点 $PM_{2.5}$ 平均质量浓度最低，为 75.2 $\mu g \cdot m^{-3}$。街道两侧建筑均为高层建筑，街谷高宽比 $H/W>2$，为深街谷[48]，不利于污染物扩散。但 A 点位于背风面高层建筑侧，周边植被绿化较多，层次丰富，对 $PM_{2.5}$ 有较好的沉降、阻滞、吸附作用[49]，因此 $PM_{2.5}$ 平均质量浓度偏低。

B 点 $PM_{2.5}$ 平均质量浓度为 80.66 $\mu g \cdot m^{-3}$。B 点背风面建筑为高层建筑，迎风面建筑为多层建筑，街谷高宽比 $H/W<0.5$，为宽街谷，较利于污染物的快速扩散。由于 B 点位于人行天桥附近，无道路交叉口，主干道机动车行驶速度较快，扬尘易引起 $PM_{2.5}$ 质量浓度的上升[50]。

C 点 $PM_{2.5}$ 平均质量浓度为 83.84 $\mu g \cdot m^{-3}$。背风面建筑为高层建筑，迎风面建筑为多层建筑，街谷高宽比 $H/W=1$，为理想街谷。C 点位于背风面高层建筑侧，周边绿化带以乔、灌木为主，绿化层次相对丰富，但附近有主次干道交叉口，车流量大，汽车停留时间长，$PM_{2.5}$ 质量浓度也会相对较高。

D 点 $PM_{2.5}$ 平均质量浓度最高，为 88.13 $\mu g \cdot m^{-3}$。街道两侧均为高层建筑，$1<H/W<2$，较不利于污染物的扩散稀释[51]。D 点位于背风面高层建筑侧，靠近地上停车场，离尾气污染源较近，因此 $PM_{2.5}$ 质量浓度相对较高。且测点周边绿化带以灌木为主，绿化种类较少，对 $PM_{2.5}$ 的消减作用也相对较小。

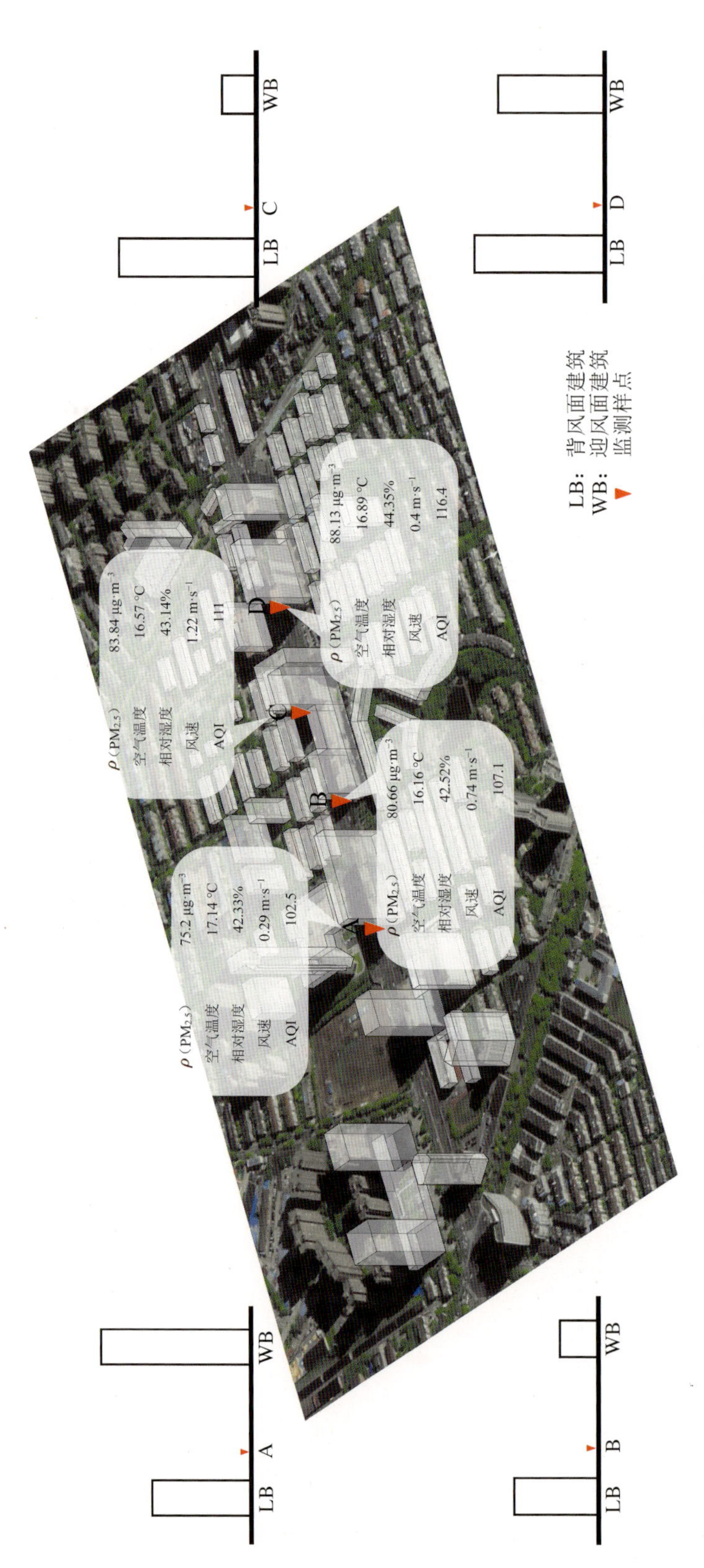

图 3-18　各监测样点环境特征

第四章

城市街区空间形态设计指标与细颗粒物的相关性

4.1　设计指标选取

通过对街道峡谷的空间形态进行几何参数量化，可以让我们更科学与直观地把握街道峡谷空间形态[52][53]。通过对街道峡谷进行纵剖面与横剖面的空间转化，将三维的街道峡谷转化为二维的平面，更有助于研究不同形态指标下细颗粒物浓度的变化。本研究从街区中微观层面出发，采用了较常见的主要形态设计指标，包括街谷长宽比（L/W）、建筑高度比（H_{LB}/H_{WB}）、街谷高宽比（H/W）。

4.1.1　平面指标——街谷长宽比

街谷长宽比[54] 描述了城市街道峡谷的横截面特征，如图 4-1 所示，在此将其进一步定义为街道两侧建筑物正投影的重合长度（L）与街道两侧建筑物之间的平均距离（W）的比值。

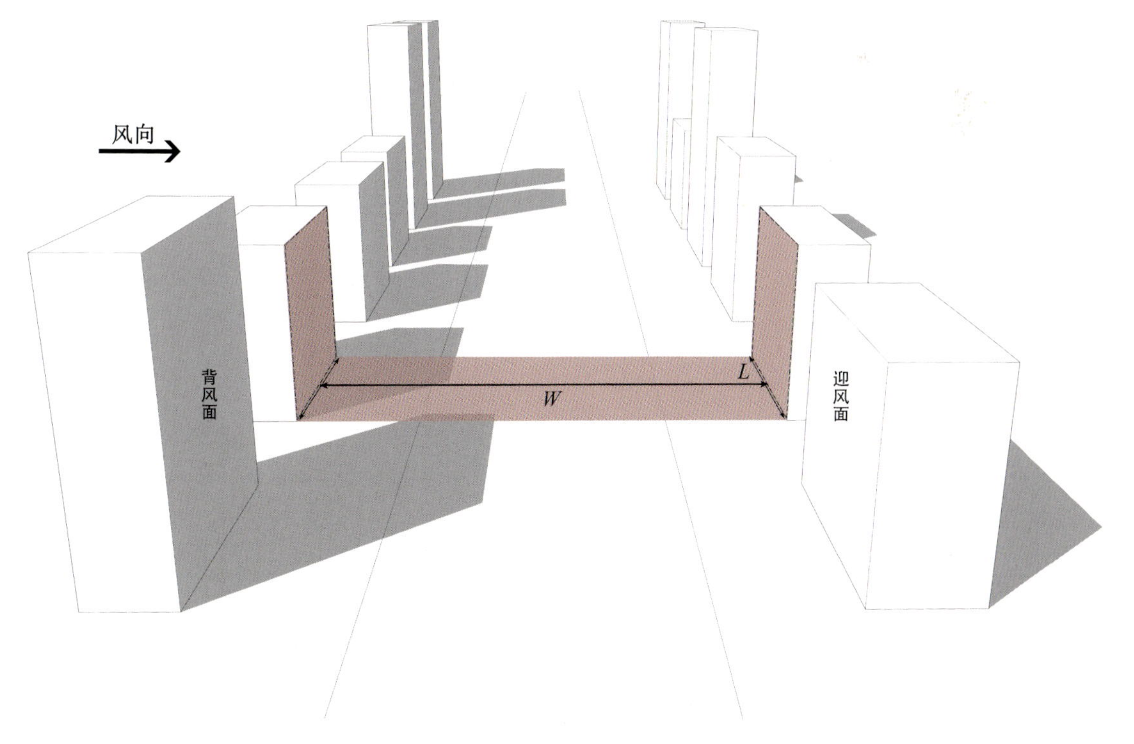

图 4-1　街谷长宽比示意

4.1.2 立面指标——建筑高度比

建筑高度比[55] 是指街道峡谷两侧建筑物的高度比值，如图 4-2 所示，在此将其进一步定义为背风面建筑高度（H_{LB}）与迎风面建筑高度（H_{WB}）之比。街道两侧建筑存在一定高度差时为非对称街谷，几乎等高时为对称街谷。高度差异对街道峡谷内气流场运动产生影响，形成不同的空气流动状况，从而造成街道峡谷内 $PM_{2.5}$ 质量浓度的变化。

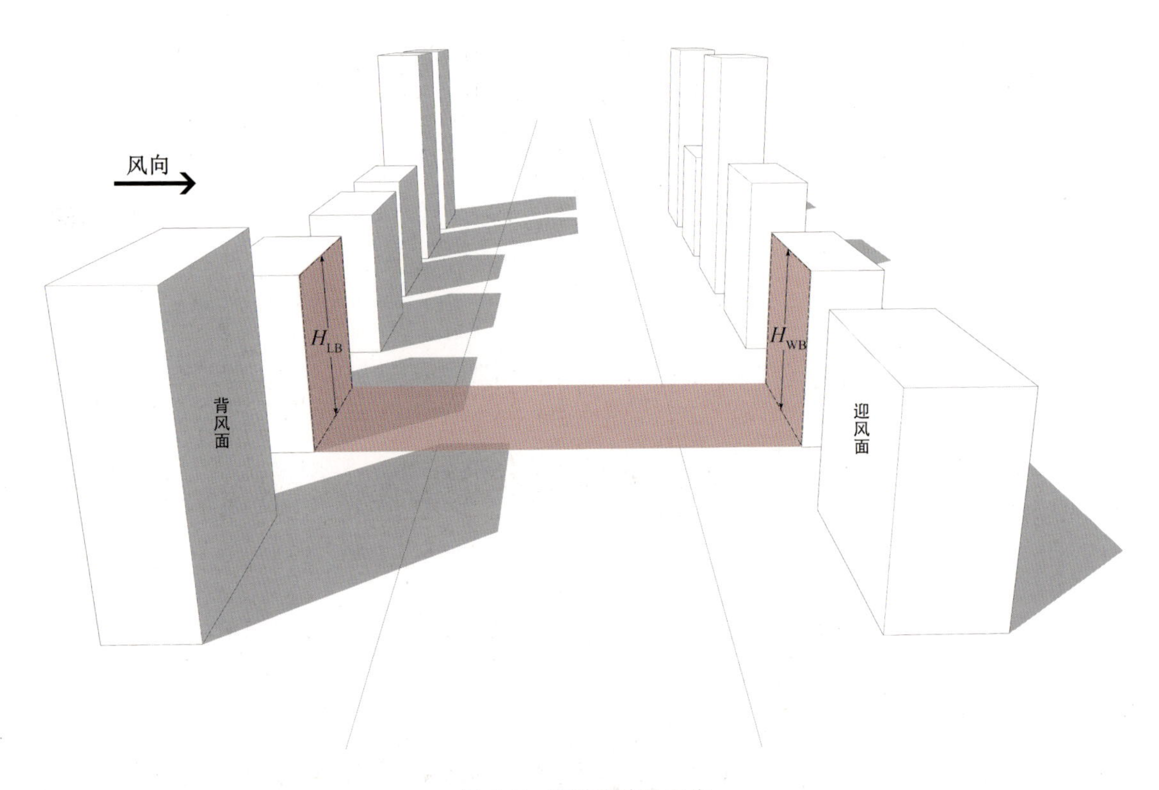

图 4-2 建筑高度比示意

4.1.3 剖面指标——街谷高宽比

街谷高宽比[56] 描述了城市街道峡谷的纵截面特征，如图 4-3 所示，通常将其定义为街道两侧建筑物的平均高度（H）与街道两侧建筑物之间的平均距离

（W）的比值[29]，并大致分为理想街谷（$H/W=1$）、宽街谷（$H/W<0.5$）、深街谷（$H/W>2$）。

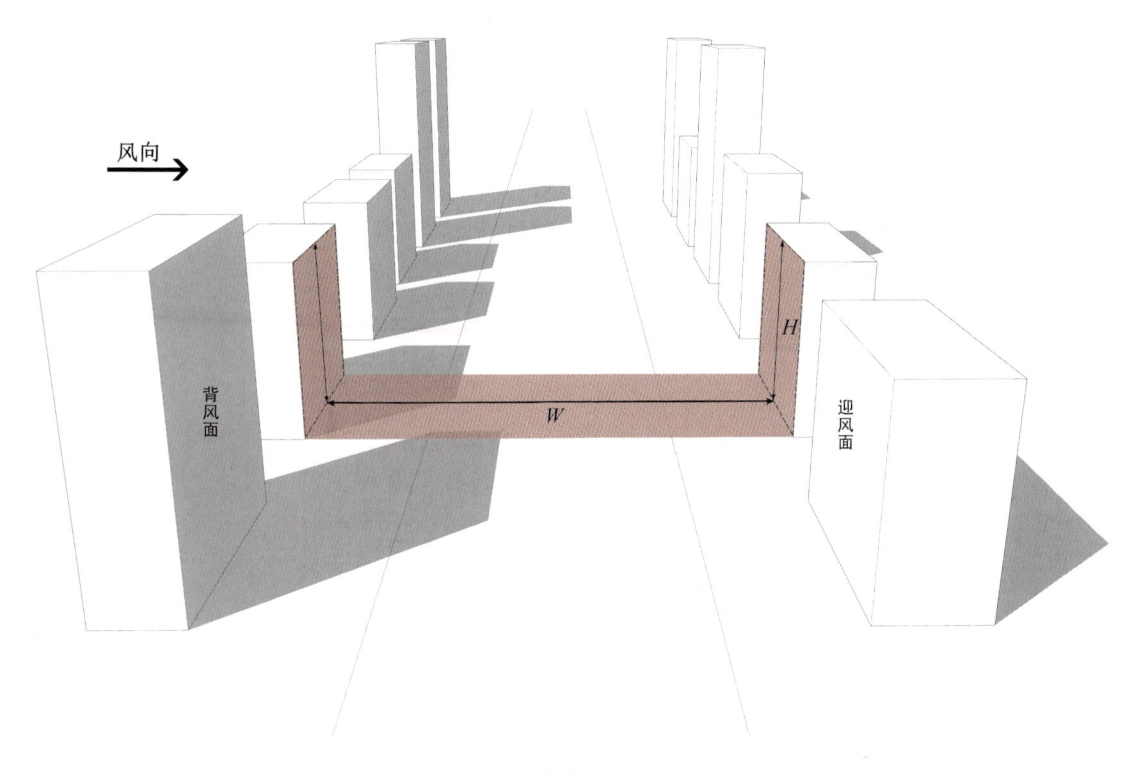

图 4-3　街谷高宽比示意

4.2　设计指标确定

基于谷歌地图平台获取研究区域的建筑轮廓、城市路网、公园绿地等矢量数据，并通过实际调研、测量等，得出各监测样点周边建筑空间形态的量化数据，即迎风面/背风面建筑高度、建筑间距、建筑长度等。在此基础上，利用相关统计分析软件对各监测样点的空间形态指标进行计算，详细空间形态及指标如表 4-1 所示。

表 4-1 街区监测样点空间形态及指标

测点	空间形态			设计指标		
	三维视角	水平方向	垂直方向	建筑高度比	街谷高宽比	街谷长宽比
A	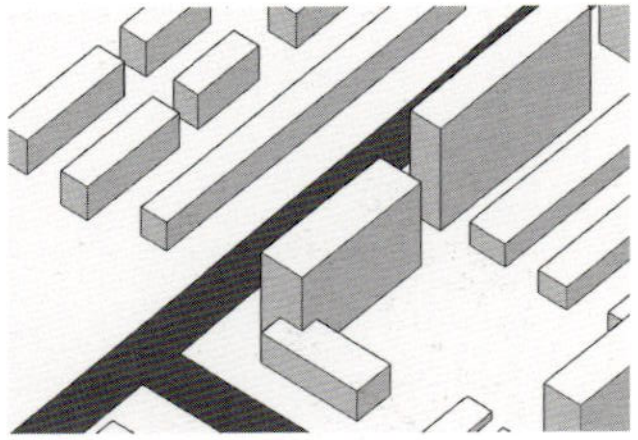	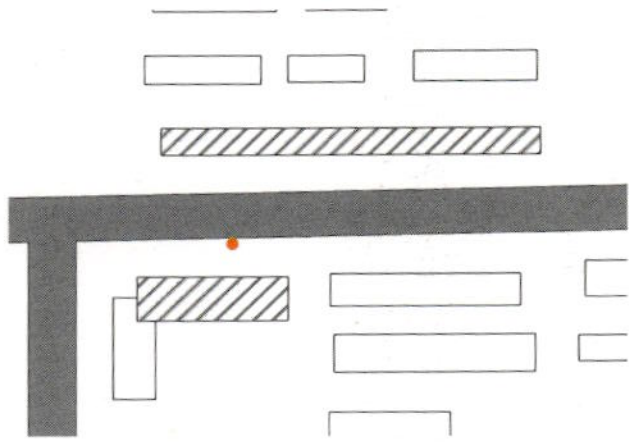	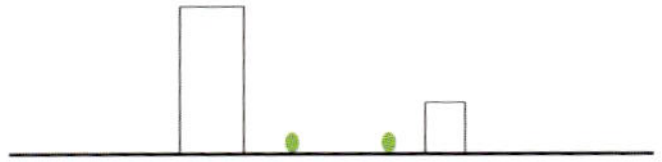	2.93	0.59	1.04
B	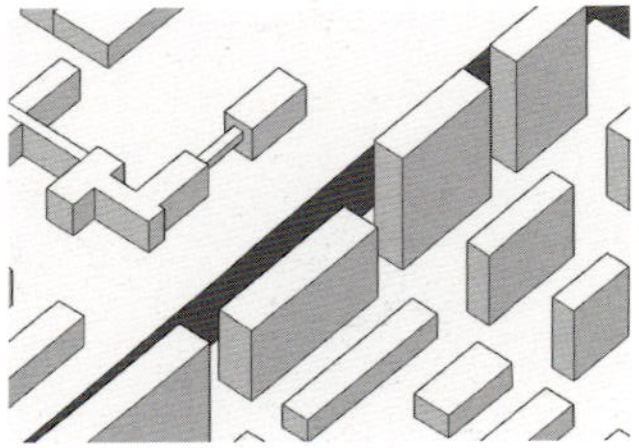	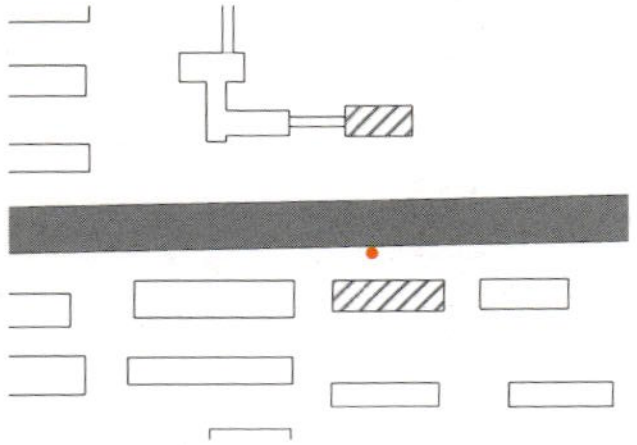	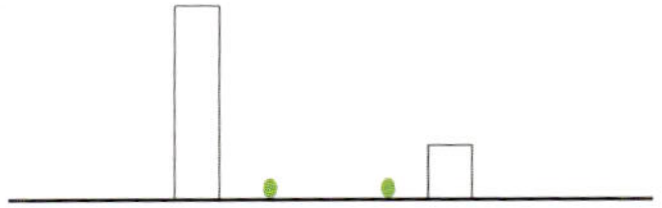	3.56	0.61	0.46
C	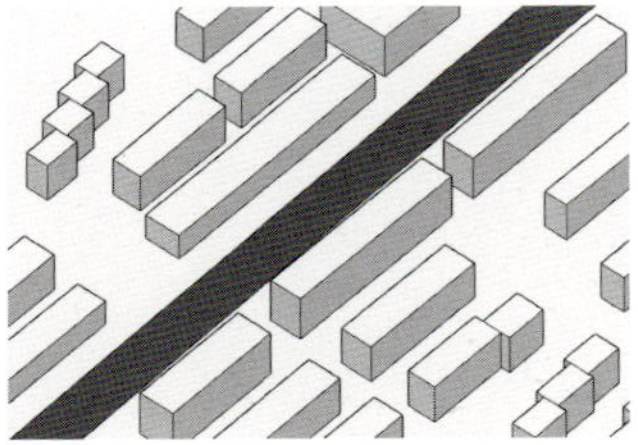	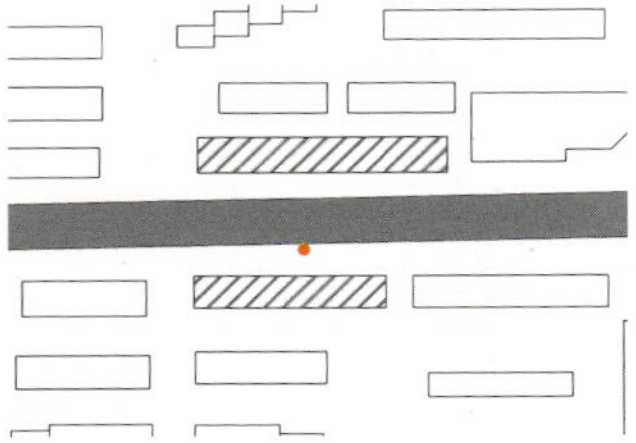		1.75	0.33	1.57

（续表）

测点	空间形态			设计指标		
	三维视角	水平方向	垂直方向	建筑高度比	街谷高宽比	街谷长宽比
D	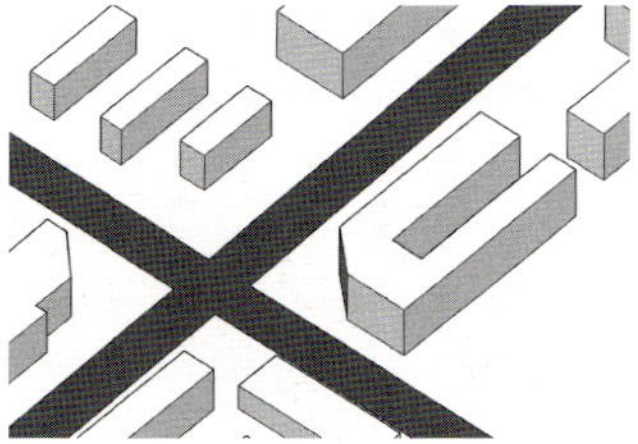	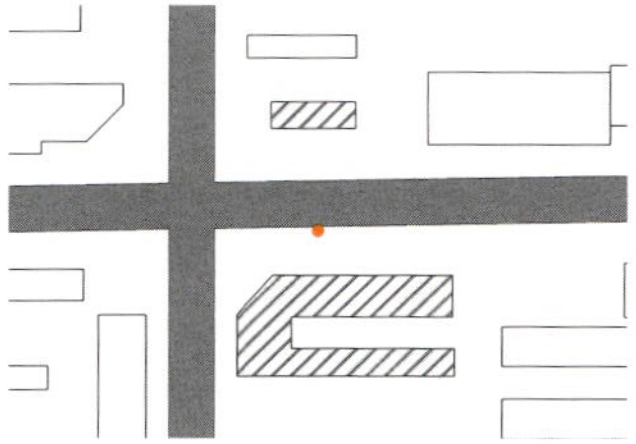		1.33	0.47	0.77
E	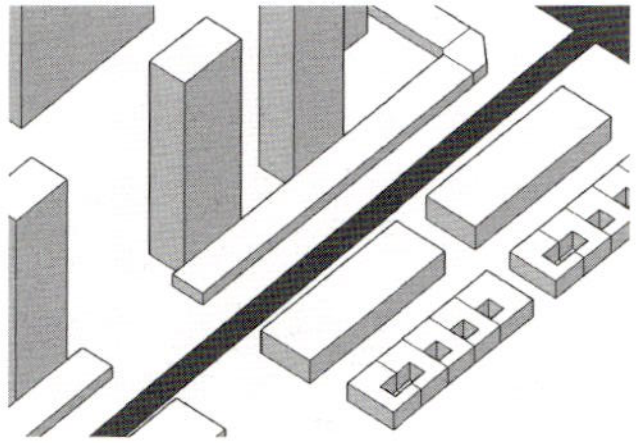	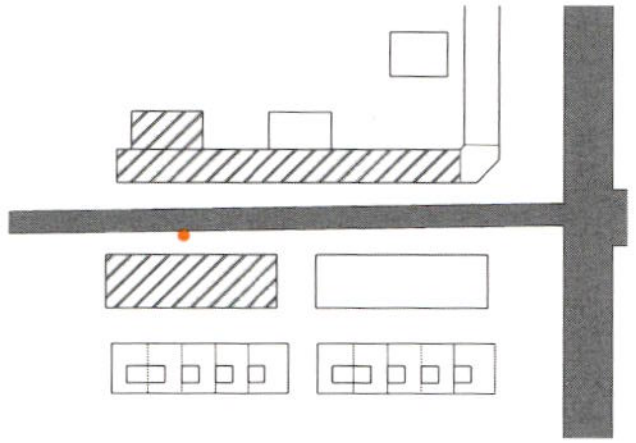	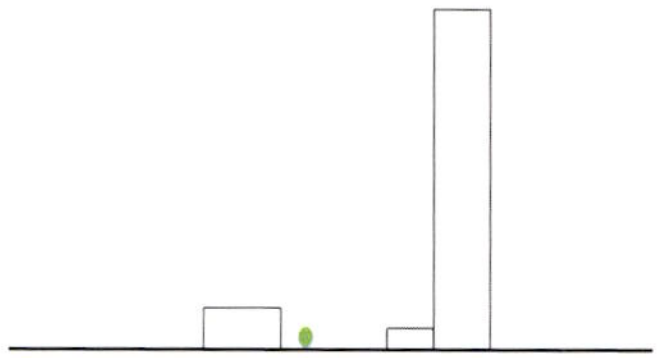	0.12	1.12	0.56
F	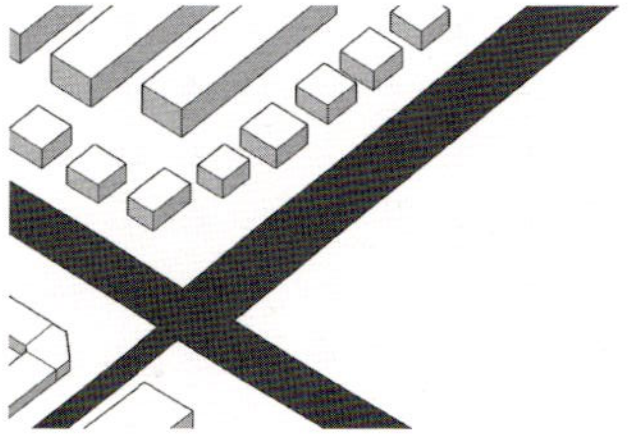			—	—	—

（续表）

测点	空间形态			设计指标		
	三维视角	水平方向	垂直方向	建筑高度比	街谷高宽比	街谷长宽比
G	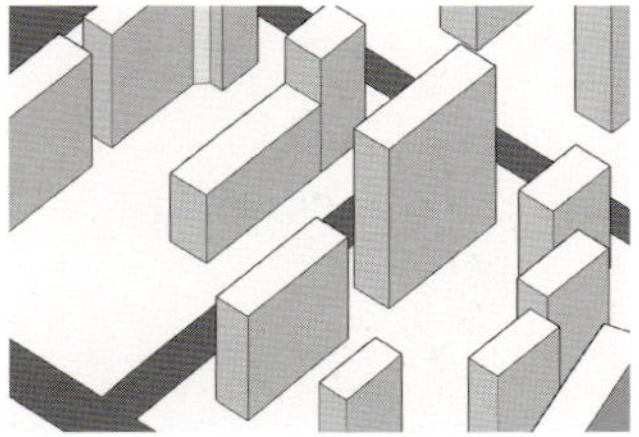	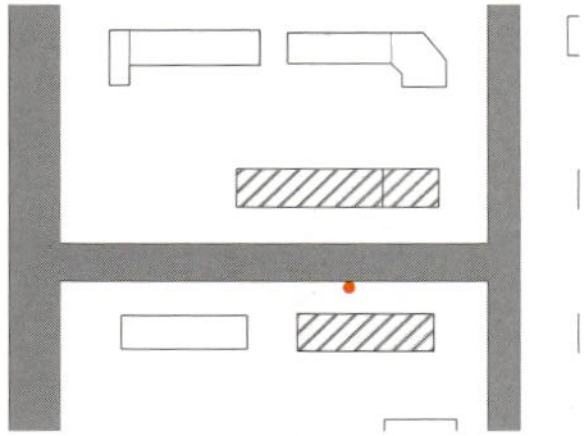	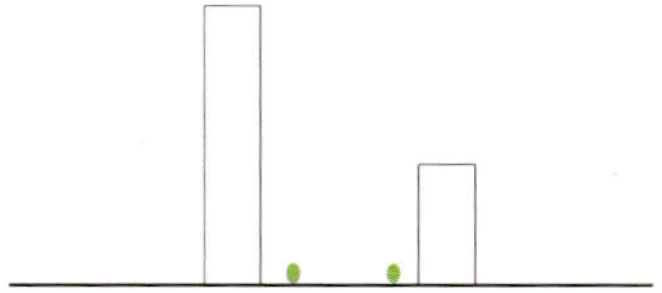	2.33	1.20	1.11
H	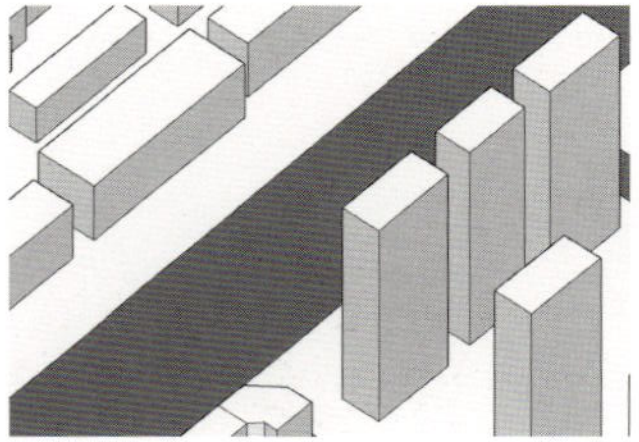	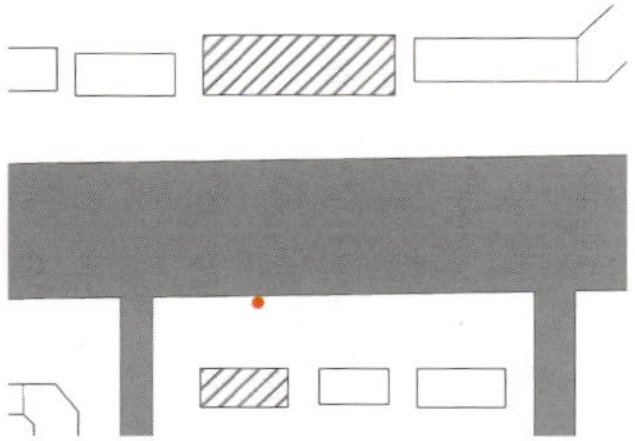	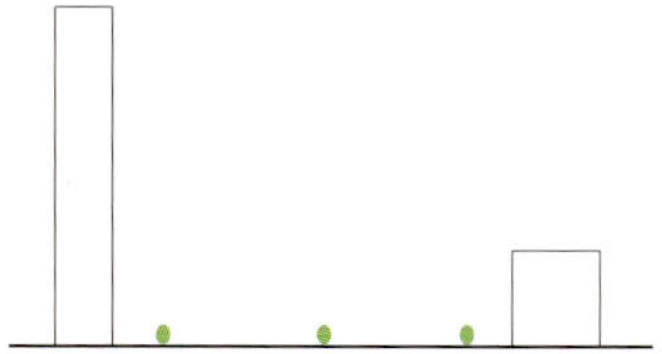	3.57	0.58	0.33
I	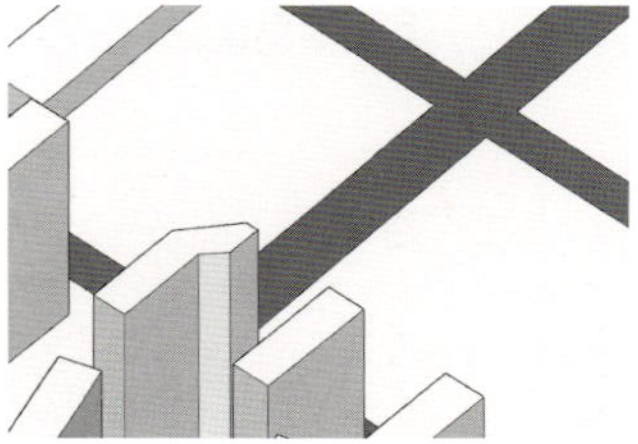	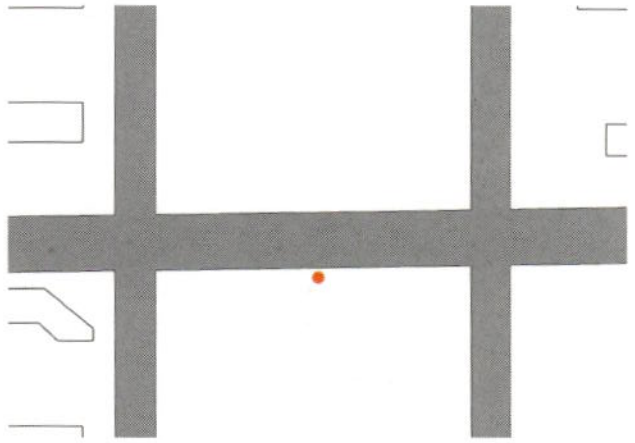		—	—	—

（续表）

测点	空间形态			设计指标		
	三维视角	水平方向	垂直方向	建筑高度比	街谷高宽比	街谷长宽比
J	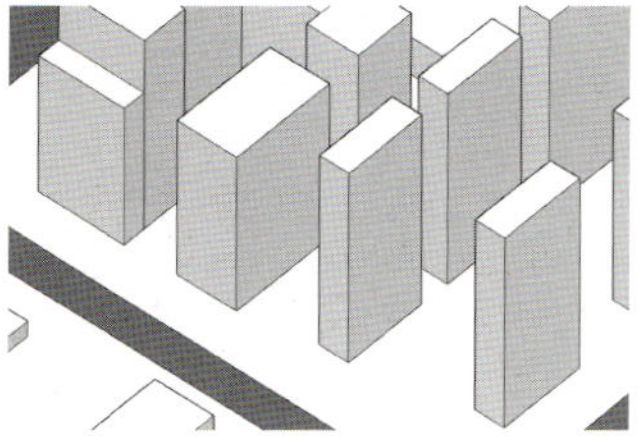	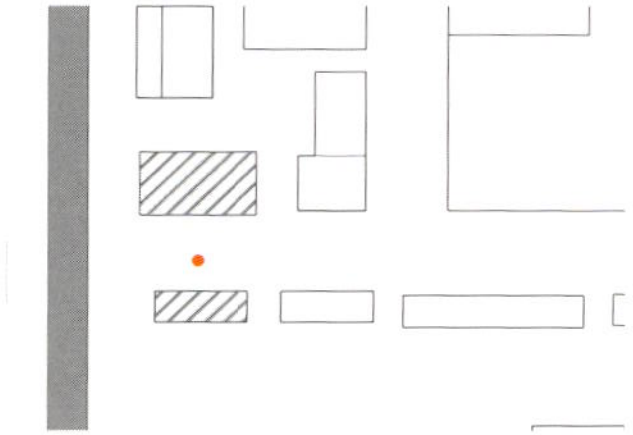	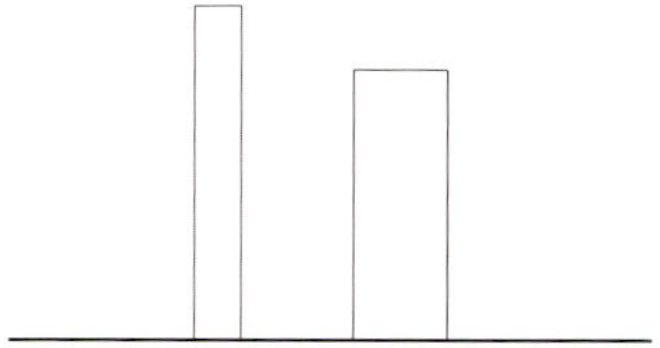	1.23	3.02	1.26
K	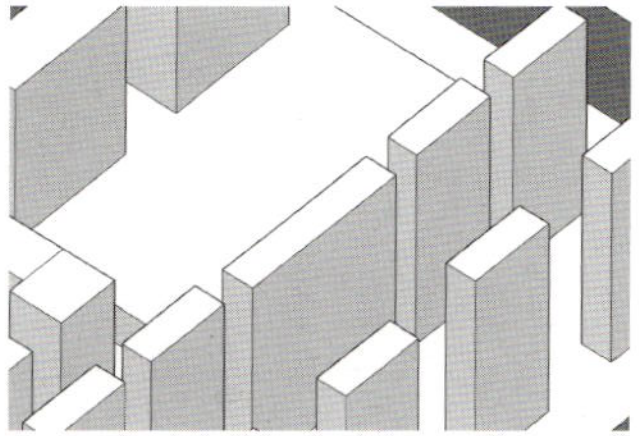	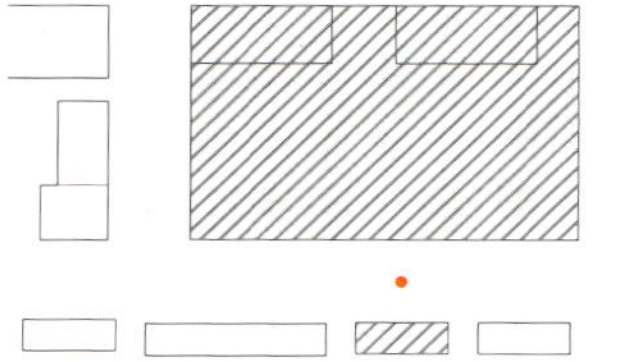	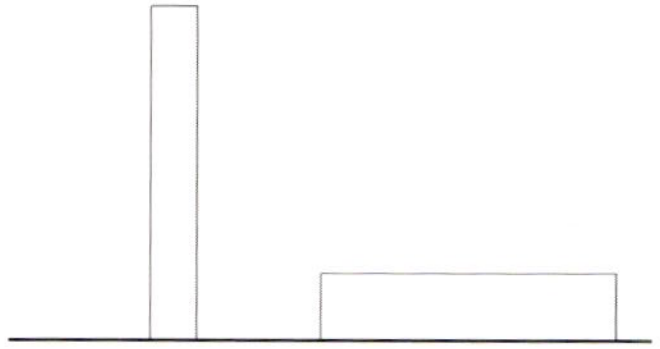	5.00	2.00	1.26
L	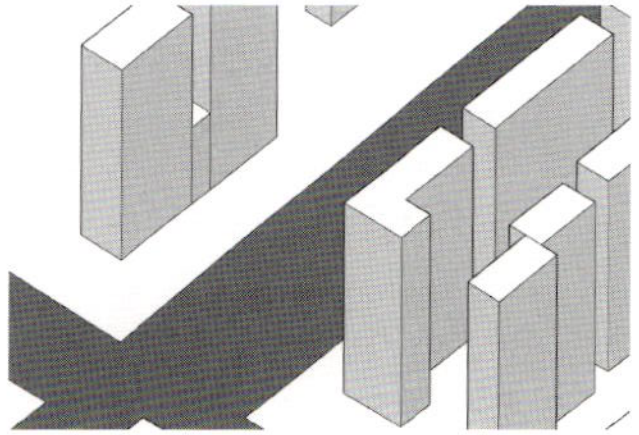	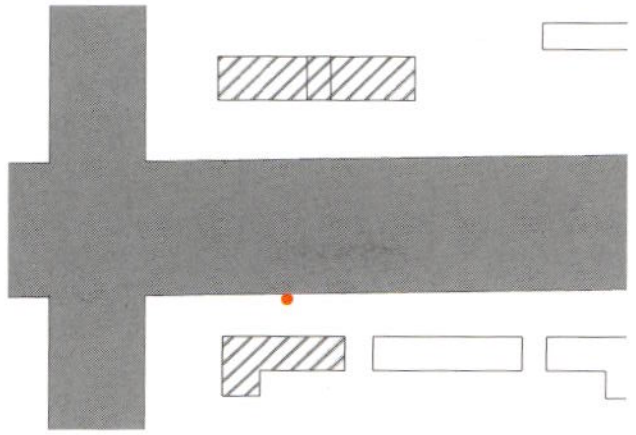	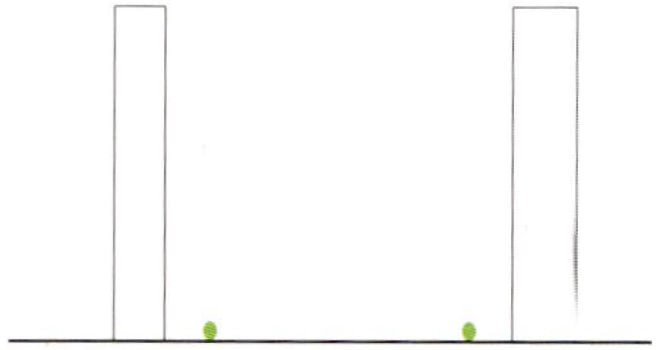	1.00	0.91	0.46

（续表）

测点	空间形态			设计指标		
	三维视角	水平方向	垂直方向	建筑高度比	街谷高宽比	街谷长宽比
M	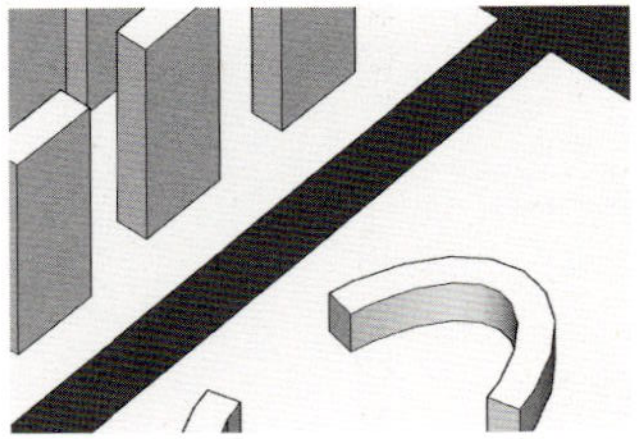	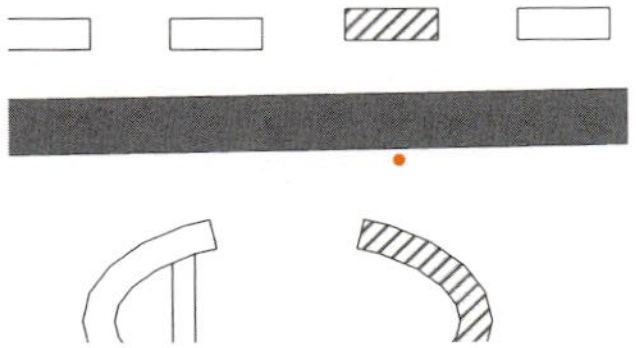	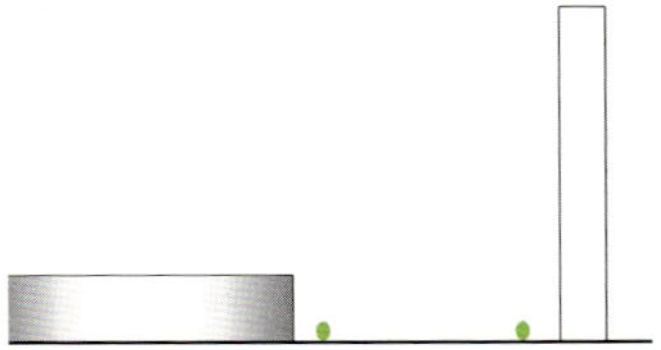	0.12	0.80	0.54
N	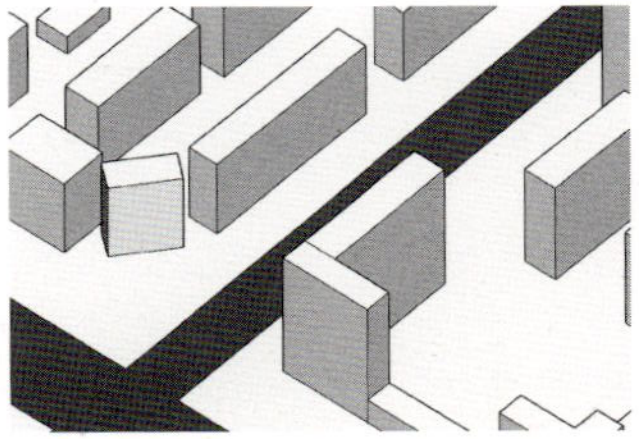	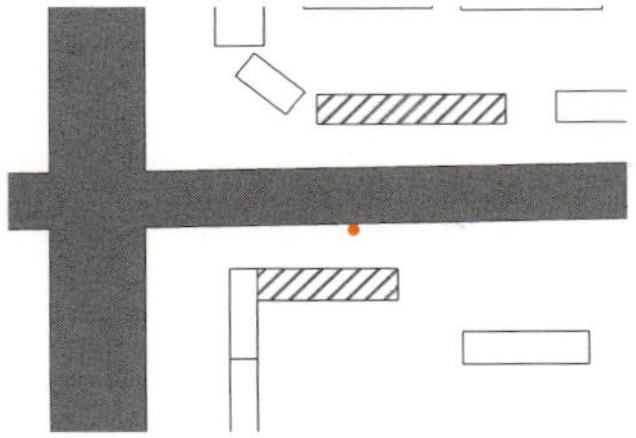	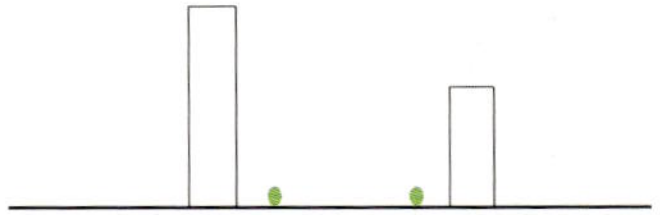	1.67	0.80	0.55

4.3　街区空间形态与细颗粒物质量浓度的相关性

4.3.1　街谷长宽比与细颗粒物质量浓度的相关性

通过 SPSS 对街谷长宽比及 $PM_{2.5}$ 质量浓度做相关性分析，双变量 Pearson 检验结果显示，街谷长宽比与 $PM_{2.5}$ 质量浓度成正相关，相关系数 $r=0.204$。对不同街谷长宽比下的 $PM_{2.5}$ 质量浓度做线性拟合，如图 4-4 所示，随着街谷长宽比的增加，$PM_{2.5}$ 质量浓度呈现出缓慢上升趋势。因此，总体而言，街谷长宽比的增加有利于街道峡谷内 $PM_{2.5}$ 扩散[54]，建议在城市规划及建筑设计时，考虑沿街建筑宽度与城市道路之间的关系，并适当增加街谷长宽比。

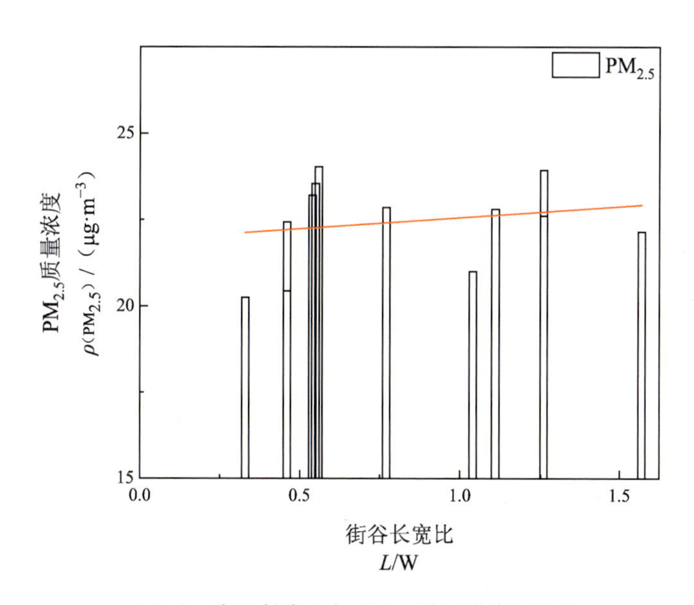

图 4-4　街谷长宽比与 $PM_{2.5}$ 质量浓度相关性

4.3.2　建筑高度比与细颗粒物质量浓度的相关性

通过 SPSS 对建筑高度比及 $PM_{2.5}$ 质量浓度做相关性分析，双变量 Pearson 检验结果显示，建筑高度比与 $PM_{2.5}$ 质量浓度成负相关，相关系数 $r=-0.646$。

对不同建筑高度比下的 $PM_{2.5}$ 质量浓度做线性拟合，如图 4-5 所示，随着建筑高度比的增加，$PM_{2.5}$ 质量浓度呈现出下降趋势，街道峡谷由升阶式转变为降阶式，内部形成较大范围的涡流，并通过下游建筑的屋顶延伸至尾流区。由于内部污染物容易被带出街道峡谷，进入尾流区，使得尾流区污染物浓度相对较高[57]，所以建筑高度比的增加使得街谷内高浓度 $PM_{2.5}$ 得以快速扩散，即有助于街谷局部的 $PM_{2.5}$ 质量浓度降低。但从整个街道峡谷环境出发，建筑高度比的降低更有利于街道峡谷整体 $PM_{2.5}$ 的扩散[58]。在城市规划及建筑设计时，建议考虑城市主要风向，并使背风面建筑高度降低，从而降低街道峡谷两侧建筑高度比。

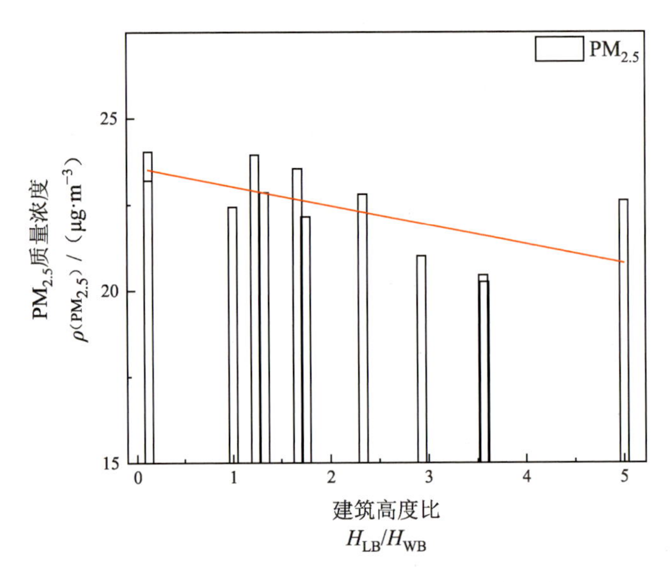

图 4-5　建筑高度比与 $PM_{2.5}$ 质量浓度相关性

4.3.3　街谷高宽比与细颗粒物质量浓度的相关性

通过 SPSS 对街谷高宽比及 $PM_{2.5}$ 质量浓度做相关性分析，双变量 Pearson 检验结果显示，街谷高宽比与 $PM_{2.5}$ 质量浓度成正相关，相关系数 $r=0.5$。对不同街谷高宽比下的 $PM_{2.5}$ 质量浓度做线性拟合，如图 4-6 所示，随着街谷高宽比的增加，$PM_{2.5}$ 质量浓度呈现上升趋势。相关研究表明，不同街谷高宽比的街道峡谷污染扩散能力和污染程度因风场结构不同而出现差异，总体而言，随街谷高宽比的增大，街谷污染扩散能力下降，空气污染加重[59]。因此街谷高宽比的降低有利于街道峡谷内 $PM_{2.5}$ 扩散，在城市规划及建筑设计时，建议考虑城市道路宽度与沿街建筑高度之间的关系，并使街谷高宽比降低，从而加快 $PM_{2.5}$ 在街道峡谷中的扩散。

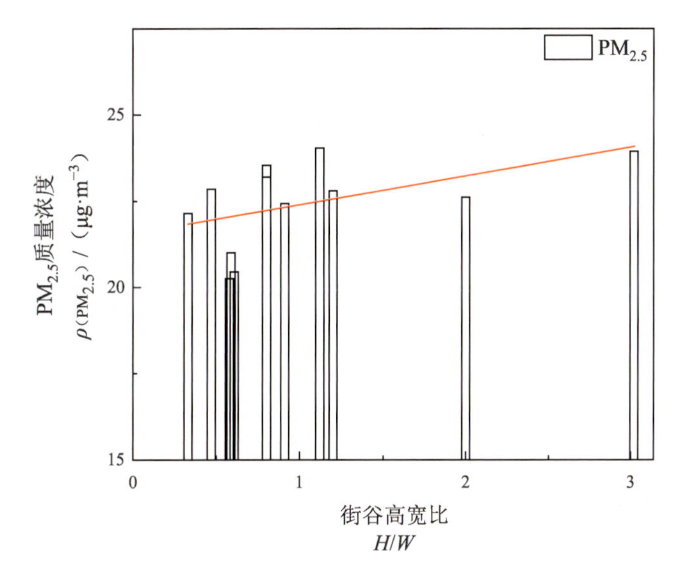

图 4-6　街谷高宽比与 $PM_{2.5}$ 质量浓度相关性

第五章

城市街区及街谷环境的细颗粒物分布数值模拟与计算

5.1 ENVI-met 软件选取及功能介绍

5.1.1 ENVI-met 软件选取依据

随着计算机的日益普及和信息技术的快速发展，数值模拟方法日渐成熟且普遍应用到城市污染物扩散的研究。数值模拟的研究方法相较于实地测量具有以下优点：① 大量节省人力、物力、财力并能扩大研究对象的尺度。将与污染物扩散有关的各类参数的复杂变化通过图像的方式直接呈现出来，同时根据现有的数据对未建成的城市空间污染物浓度进行预测，为城市规划设计提供参考依据。② 降低对空间和时间的限制，并进行重复模拟，且模拟结果精确。

目前数值模拟应用中较为常见的是建筑布局、建筑风环境、建筑空间形态、道路绿化等对街区细颗粒物浓度影响的研究，结合实际监测，将实测数据与模拟数据进行对比分析以验证模拟的精准性，并在此基础上探寻城市街区空间形态优化方法。国内外针对此研究所使用的模拟软件较多，其中最常用的有 ENVI-met、Fluent、PHOENICS 等，其相关信息及差异如表 5-1 所示。

表 5-1　不同数值模拟软件特点对比

对比项目	ENVI-met	Fluent	PHOENICS
国家	德国	美国	英国
应用范围	中小尺度环境模拟	大尺度环境模拟	建筑及局部区域
模拟对象	热环境、风环境、植物作用、污染物扩散	热环境、风环境、污染物扩散	热环境、风环境、植物作用、污染物扩散
湍流模型	标准 k-ε 模型	CFD 常见数学模型，用户可选择性高	零方程模型、标准 k-ε 模型、RNG k-ε 模型、Realizable k-ε 模型
网格构建	网格尺寸及数量通过用户输入数值即可	需要网格生成软件配合，支持多类网格	自带网格生成模块，可调节结构化网格
主要模块	大气、建筑、植物、土壤、辐射、污染物模块	大气、建筑、土壤、辐射、污染物模块，没有专门的植物模块	大气、建筑、植物、土壤、辐射、污染物模块

（续表）

对比项目	ENVI-met	Fluent	PHOENICS
植物模拟	各类植物生理及形态特征参数，可进行三维模型构建，操作简单	没有自带植物模型及专用模块，需要自行建模及设定参数	植物进行简化，通过设置植物参数来描述植物属性
污染物	可以有效设置 PM 类	可以有效设置各类污染源	可以有效设置各类污染源
软件优势	1. 高频时间解析率及较高的空间网格分辨率 2. 多个模型体系，包含全面的气候因子 3. 强大的植物模拟能力 4. 操作简单 5. 系统直观的模拟结果展示	1. 适用范围广，多种物理模型 2. 计算精度高 3. 网格构建灵活 4. 多软件兼容	1. 多软件兼容 2. 用户可根据需求添加修改程序和模型 3. 操作简单
软件劣势	计算量大，耗时长	操作复杂，非专业人士使用难度大	后处理需与其他软件结合使用

通过上表可以发现，ENVI-met 相比于 Fluent、PHOENICS 而言，是模拟功能较为全面的软件[60]。且 ENVI-met 省去较为烦琐的编程步骤，操作简洁，软件内包含众多内置预设参数，可以有效降低出错率，而模拟结果也较为理想。本研究重点关注风环境及细颗粒物扩散的输出，相较于其他软件的建模尺度，ENVI-met 软件可用于街区环境的数值模拟，更符合研究的需要。

5.1.2 ENVI-met 软件模型架构

ENVI-met 是一款以计算流体力学（CFD）为基础，对室外环境进行模拟分析的三维微气候模拟软件，该软件侧重于对建筑、植被和大气环境之间的相互作用进行模拟。ENVI-met 空间网格的分辨率为 0.5～10 m，可模拟几百米到几千米的空间范围，适用于城市中小尺度层面的微气候及污染物扩散模拟，以居住区、校园、商业街区、城市公园等区域为主。

如图 5-1 所示，ENVI-met 的主界面主要包括：Monde（数字化模拟环境）、Spaces（开发模型空间）、ENVI-guide（创建模拟文件）、ENVI-core（模拟计算模块）、BIO-met（热舒适性计算）、Leonardo（模型结果分析）。ENVI-met 包括四个子模型：大气、土壤、建筑和植物模型。模型架构由 X、Y、Z 三个方向上的坐标轴组成，可对建筑、街区、绿地等进行建模，还可设置区位、时间、气候、污染源等条件。

图 5-1　ENVI-met 软件主界面

5.1.3　ENVI-met 软件主要功能

ENVI-met 主要包含了七大功能，如表 5-2 所示，分别为太阳辐射分析、空气污染物扩散、建筑物理、蓝绿技术、风场、室外热舒适和植物生存[61]。本研究关注街区细颗粒物扩散，因此仅重点考虑空气污染物扩散和风场，其他不做过多深入研究。

表 5-2　ENVI-met 软件主要功能板块

功能板块	主要功能	主要优势
太阳辐射分析（Solar Analysis）	日照和遮阳、眩光分析、阴影投射、太阳能获取	提供了广泛的太阳能接入分析模块用于模拟
空气污染物扩散（Air Pollutant Dispersion）	颗粒物和气体的排放和传输，NOx、臭氧和 VOC 之间的化学反应（包括植物和植物表面上的沉积）、计算交通排放概况的集成工具	可评估不同大小的颗粒、反应性与非反应性气体浓度
建筑物理（Building Physics）	外墙温度、与绿化墙体的交换过程、室外与室内微气候之间的相互作用、垂直绿化的水和能量平衡	可高分辨率地建立建筑物外表面热湿传递模型，并可预测墙体和室内温度
蓝绿技术（Green&Blue Technologies）	外墙及屋顶绿化、绿地和水域、垂直绿化模拟、通过喷水冷却空气	可以根据植物的光合速率模拟蒸腾量
风场（Wind Flow）	复杂环境中的流动分布、建筑物和树木周围的风速、风舒适性	复杂条件下的三维风和湍流的集成计算模块

（续表）

功能板块	主要功能	主要优势
室外热舒适（Outdoor Thermal Comfort）	空气温度、相对湿度、表面辐射温度、人体周边空气流动	可以为任何给定场景计算站立在虚拟环境中的人的总体热感觉
植物生存（Tree Pass）	植物生长条件分析、风应力和树木损坏模拟、用水模拟	可在树冠几何形状的水平上分析单个树木

5.2 ENVI-met 模型构建及数值设置

5.2.1 街区模型构建及数值设置

（1）街区模型范围

为更直观地看到街区风环境及细颗粒物质量浓度分布情况，将数值模拟的街区模型范围设置为与实际监测区域范围相统一，即北至翠微路，南至石门路，东至翡翠路，西至云外路。如图 5-2 所示，该研究区域东西走向长约 1.8 km，南北走向长约 0.9 km，占地面积约 1.62 km^2。

图 5-2　街区模型范围

（2）街区模型构建

研究区域模型采用 200×100×50 单元的网格，水平方向上为均匀网格，网格分辨率设置为 10.0 m 以下，指北针方向与实际街区一致。其中水平分辨率为 dx =10.0 m，dy =10.0 m；垂直方向上 dz =5.0 m。模拟几何建模包含城市主、次干道及周边区域建筑，对复杂地形、建筑凹凸、景观绿化和下垫面进行简化处理，尽量保证与实际情况接近，具体模型如图 5-3 所示。

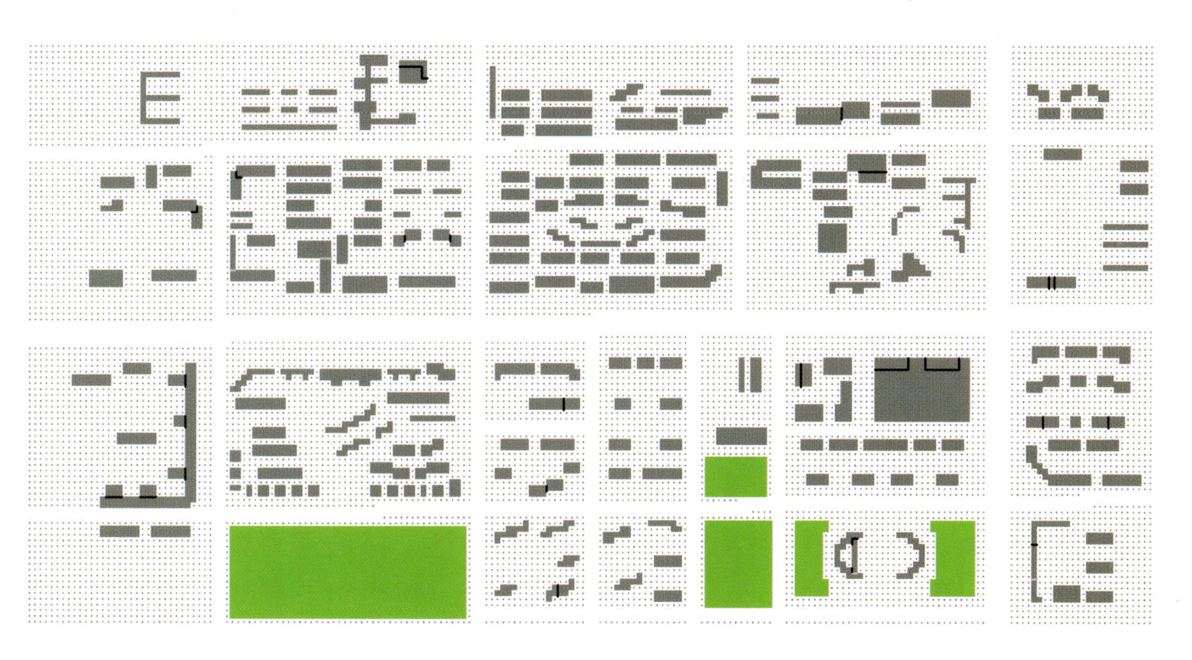

图 5-3　城市街区 ENVI-met 建模

（3）街区参数设置

本次模拟以合肥市夏季、秋季和冬季气象条件为背景，空气温度、相对湿度、风速等气象要素数值均来自研究区域的实际监测数据。由于该街区主要污染源来自道路交通污染，故把软件的污染源模式设定成背景污染物与交通线性污染源共同作用，通过实测期间对道路车流量的监测，将道路 $PM_{2.5}$ 释放速率设置为近似值，尽量贴合夏季、秋季和冬季该街区交通污染实测的平均值，详细模型参数设置如表 5-3 所示。

表 5-3 ENVI-met 的主要参数设置

参数类别	参数名称	输入数值
地理位置	经度纬度	中国合肥市 （117.28°E，31.86°N）
	时区	China Standard Time
模拟时间	开始时间	夏：2022 年 6 月 20 日 秋：2022 年 10 月 20 日 冬：2022 年 12 月 15 日
	结束时间	夏：2022 年 6 月 20 日 秋：2022 年 10 月 20 日 冬：2022 年 12 月 15 日
	模拟时长	10 h
模拟网格	网格数量	200×100×50
	网格尺度	10 m×10 m×5 m
气象条件	风向 （0°：N，90°：E，180°：S，270°：W）	夏：180° 秋：135° 冬：45°
	风速	夏：2.9 m·s^{-1} 秋：2.5 m·s^{-1} 冬：2.39 m·s^{-1}
	空气温度	夏：26～37 ℃ 秋：15～30 ℃ 冬：1～14 ℃
	相对湿度	夏：45%～70% 秋：40%～65% 冬：45%～65%
植物参数	草（高度）	50 mm
	树木（高度）	10 m
污染源设置	污染源形式	线性（Line）
	污染源类别	PM$_{2.5}$
	污染背景浓度	夏：15 μg·m^{-3} 秋：20 μg·m^{-3} 冬：20 μg·m^{-3}
	线性污染源释放高度	0.5 m
	线性污染源释放速率	6.5～14.5 μg·s^{-1}·m^{-1}

5.2.2　街谷模型构建及数值设置

(1) 街谷模型建立

ENVI-met 是一种城市环境模拟软件，其主要功能是模拟城市环境中的温度、风速、湿度、污染物浓度等参数的分布情况。ENVI-met 建成环境模型、污染物模型、边界条件模型和模拟结果将会储存于建立的工作空间中。在 ENVI-met中，建成环境模型用于描述城市环境中的建筑、道路、绿地等元素，而污染物模型用于模拟污染物的排放、扩散和转化过程。同时，ENVI-met 提供了多种边界条件模型，包括恒定风速、恒定风向、恒定温度、恒定湿度等模型，用于模拟城市环境中不同边界条件下的气象参数。模型的地点选择为合肥市，区位选择包河区同安街道（东经 117°30′85″，北纬 31°82′61″）。ENVI-met 建模的水平范围是 0.1～1.0 km，竖直范围小于 200.0 m，城市网格模型的分辨率是 0.5～10.0 m，模拟时长不超过 4 天，时间步长最大为 10 s。同安街道峡谷的研究范围在 800 m×800 m×200 m 的立方体内，因此计算域中网格数量选择 $X\times Y\times Z$=100 m×100 m×50 m，最小单位的网格大小选择$X_{min}\times Y_{min}\times Z_{min}$=10 m×10 m×5 m。

从百度卫星地图上截取需要的街道峡谷图像，导入 AutoCAD 中，按实际比例绘制街谷平面图，并以 BMP 格式导入 ENVI-met 中，结合建筑物高度、植被分布等因素，构建街道峡谷模型。树木模型选取［0000T1］ Tree 10 m very dense，leaflessbase（树高 10 m，叶基非常茂密），作为行道树和公园绿地，如图 5-4 所示，地面类型选择了［0100PL］ Concrete pavement light（轻质混凝土铺面层）和［000000］ Loamy soil（泥土质地的土壤）。

(2) 街谷模型参数设置

在 ENVI-met 主界面中进行模拟边界条件的设置。根据监测时间将夏季模拟日期设定为 2021 年 8 月 7 日，冬季模拟日期设定为 2022 年 1 月 30 日，模拟开始时间、模拟时长与实测时间相同。夏、冬季的温湿度设置与测试当天的气象数据保持一致。夏季温度设置为 30.00～36.00 ℃，湿度设置为 58%～80%；冬季温度设置为 5.00～8.00 ℃，湿度设置为 80%～92%。结合实际监测时间，开始时间选择 8:00，总模拟时长选择 10 h。

（a）卫星图

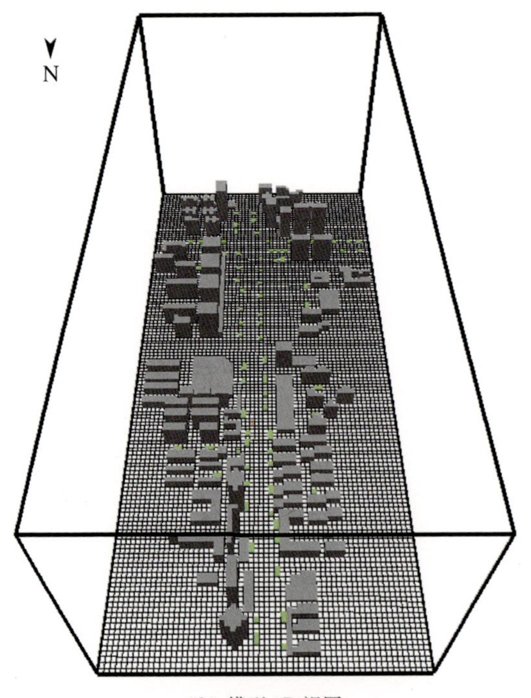

（b）模型 3D 视图

图 5-4　同安街道峡谷模型

冬季流入边界的恒定风速设置为2.88 m·s^{-1}，风向设置为45°，与合肥市冬季东北风方向相同；夏季流入边界的恒定风速设置为2.58 m·s^{-1}，风向设置为180°，与合肥市冬季南风保持一致。粗糙度保持默认值0.01。冬季$PM_{2.5}$背景浓度设置为23 μg·m^{-3}，PM_{10}背景浓度设置为46 μg·m^{-3}；夏季$PM_{2.5}$背景浓度设置为20 μg·m^{-3}，PM_{10}背景浓度设置为40 μg·m^{-3}。单一污染物粒径设置为2.5 μm，粒子密度设置为10 g·cm^{-3}，其他边界条件保持软件默认值，如表5-4所示。

表5-4　ENVI-met模拟边界条件设置

类型	相关参数	边界条件
模型	网格数	65×140×50
	网格精度	10 m×10 m×5 m
	网格土壤定义	默认值
	地理坐标	117.29°E，31.73°N
	模拟时间	8:00～18:00
	温度	夏季：30.00～36.00 ℃ 冬季：5.00～8.00 ℃
	湿度	夏季：58%～80% 冬季：80%～92%
大气环境	风速	夏季：2.58 m·s^{-1} 冬季：2.88 m·s^{-1}
	风向	夏季：180° 冬季：45°
污染物	每日车流量	夏季：80 000 veh·24h^{-1} 冬季：98 000 veh·24h^{-1}
	车道（衡量产生交通污染的面积）	双向八车道
	线性污染源排放速率	5 μg·s^{-1}·m^{-1}
	背景浓度	夏季：$PM_{2.5}$=23 μg·m^{-3}；PM_{10}=46 μg·m^{-3} 冬季：$PM_{2.5}$=20 μg·m^{-3}；PM_{10}=40 μg·m^{-3}
	单一污染物粒径	2.5 μm
	单一污染物粒子密度	10 g·cm^{-3}

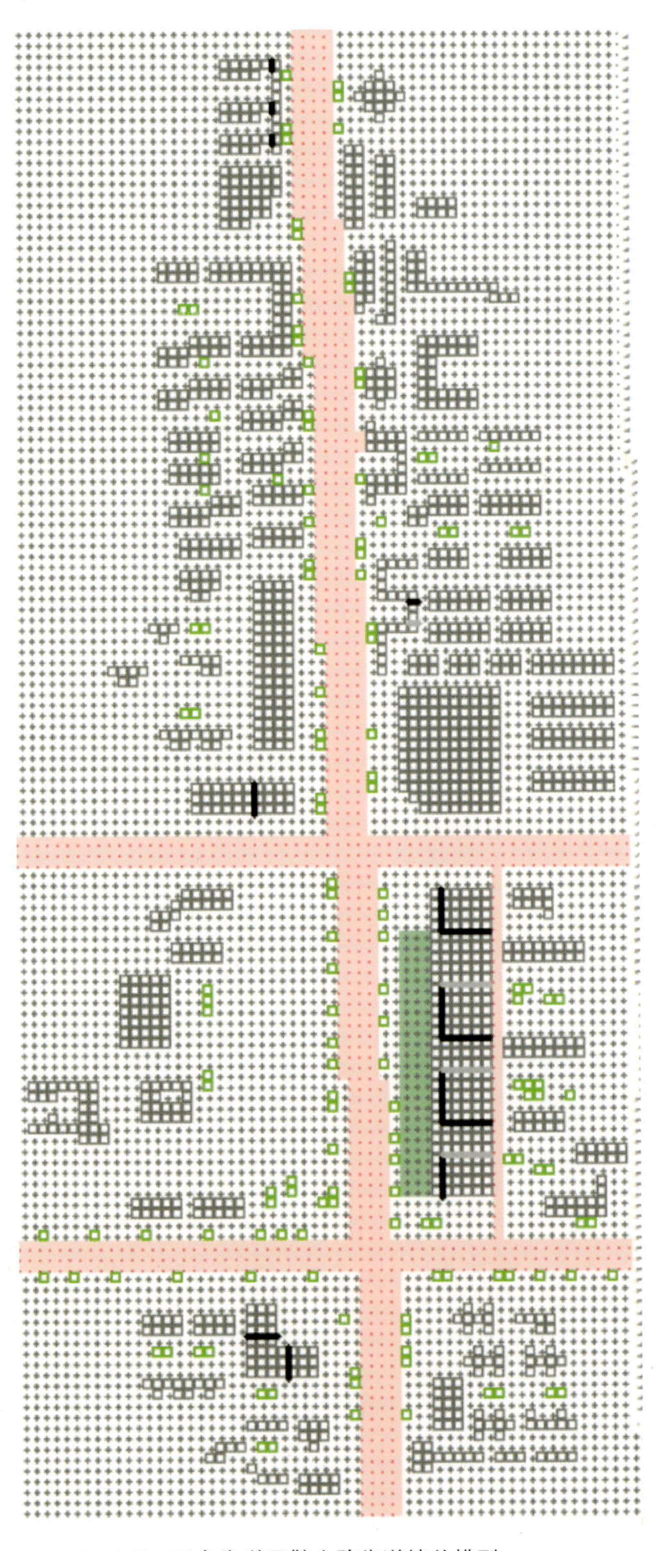

图 5-5 同安街道马鞍山路街道峡谷模型

街道峡谷的首要污染源是道路内汽车尾气排放，其高度默认与汽车尾气排放高度相同，为 0.5 m。包河区（117°E，32°N）位于全国唯一一个与五大淡水湖相邻的省会城市——合肥市主城东南方，下辖九个街道、两个城镇、两个大型街道社区和一个省级经济开发区，总面积 340 km^2，常住人口约 126 万人。同安街道地处包河区的中心地带，东临南淝河，南接南二环，西至徽州大道，北依南一环，地理位置十分优越。研究区域为同安街道内九华山路与马鞍山路交叉口至望江东路与马鞍山路交叉口一段，为典型的居住型街道峡谷，人流量和车流量密集，交通路况复杂。同安街道马鞍山路街道峡谷行车道为双向八车道，冬季的车流量估算为 98 000 veh • 24 h^{-1}，夏季的车流量估算为 80 000 veh • 24 h^{-1}。污染物来源设置为单一来源，其中 $PM_{2.5}$ 质量浓度默认为 PM_{10} 的 0.5 倍，污染物来源设置范围如图 5-5 所示。

5.3　夏季城市街区及街谷模拟结果与分析

5.3.1　夏季街区水平方向风环境及细颗粒物质量浓度分布

基于ENVI-met模拟，对该街区夏季在1.5 m高度水平方向上的风环境及$PM_{2.5}$质量浓度分布进行可视化分析。如图5-6所示，该街区风环境在不同区域存在较为明显的差异，其中南北向街道风速多为0.25～1.25 m·s^{-1}，东西向街道风速多为1.25～2.25 m·s^{-1}，由此可知南北向街道风速受建筑影响更大，这与该市夏季主导风向直接相关。受建筑遮挡的作用，南北向建筑之间的风速普遍较小，多为0～1 m·s^{-1}，而在高层建筑东西两侧则出现较为明显的高风速区域，风速多为2.75～3.5 m·s^{-1}。

如图5-7所示，该街区$PM_{2.5}$质量浓度分布也出现较为显著的差异，其中南北向街道$PM_{2.5}$质量浓度多为35～45 μg·m^{-3}，东西向街道$PM_{2.5}$质量浓度多为23～33 μg·m^{-3}，由此可知南北向街道较东西向街道$PM_{2.5}$质量浓度更高。受街区风环境的影响，南北向街道建筑间$PM_{2.5}$更容易积聚，$PM_{2.5}$质量浓度多为17～27 μg·m^{-3}。而在公园及大面积绿化区域，$PM_{2.5}$质量浓度相对较低，多为0～15 μg·m^{-3}。由此可知，城市公园多为开阔区域，对细颗粒物的快速扩散有利，同时绿化植物对细颗粒物的消减作用也使得该区域$PM_{2.5}$质量浓度相对较低。

5.3.2　夏季街区垂直方向风环境及细颗粒物质量浓度分布

基于ENVI-met模拟，对该街区夏季各监测样点垂直方向上的风环境及$PM_{2.5}$质量浓度分布进行可视化分析。如图5-8所示，各区域风环境受两侧建筑空间形态的影响呈现出较为明显的差异。其中背风面建筑侧较迎风面建筑侧风速明显降低，如H点背风面建筑侧风速为0.15 m·s^{-1}，而迎风面建筑侧风速为0.46 m·s^{-1}。而街道的宽度也会影响建筑间风速大小，如G点与H点两侧建筑空间形态相近，G区域中心点风速为0.16 m·s^{-1}，而H区域中心点风速为0.91 m·s^{-1}，风速不同的原因就是街道宽度不同。而就高度而言，风速随着高度的增加呈现显著的上升趋势。

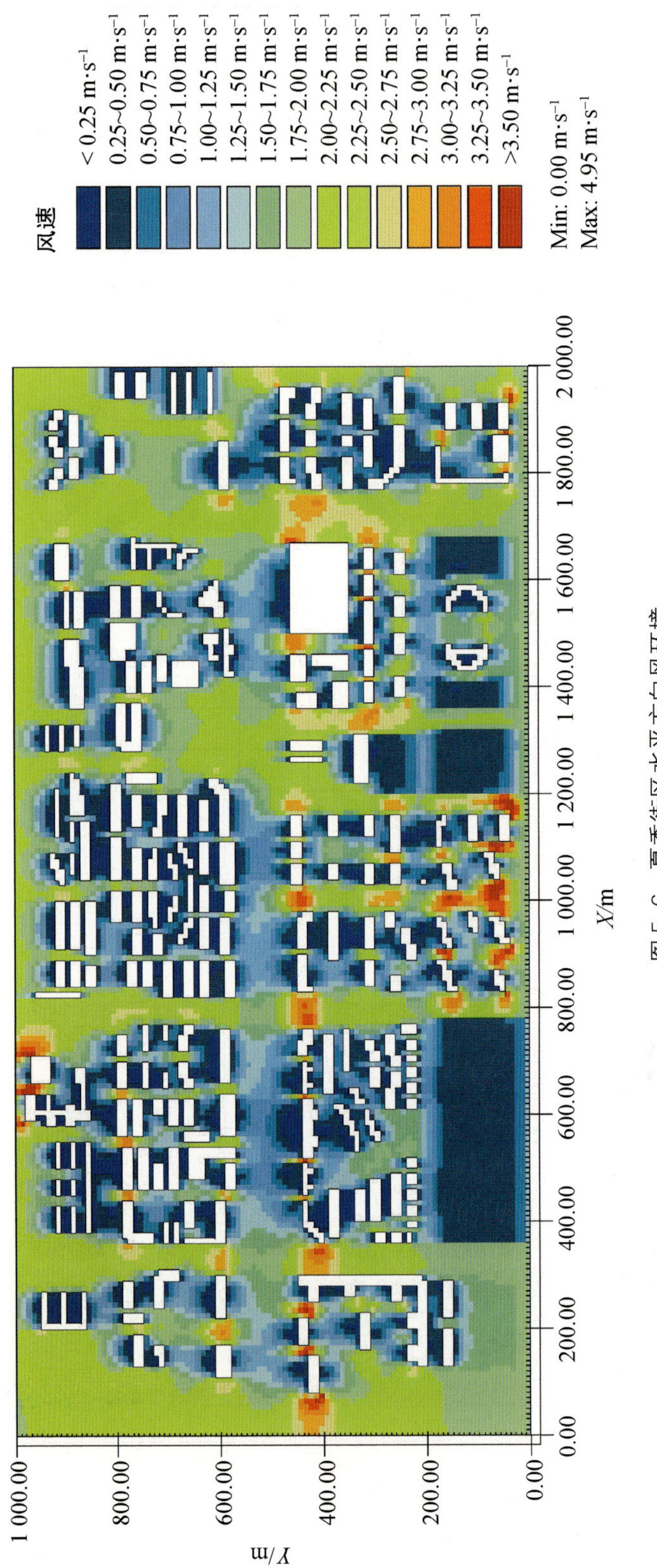

图 5-6　夏季街区水平方向风环境

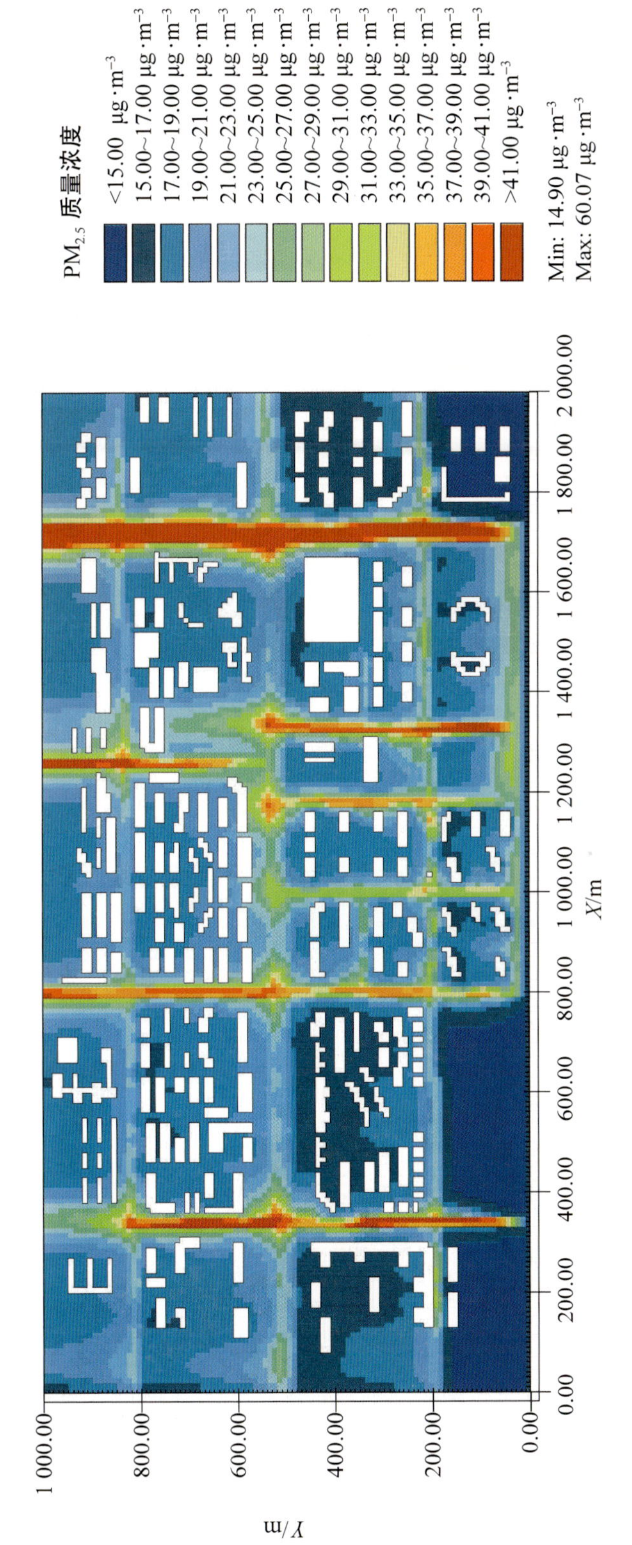

图 5-7　夏季街区水平方向 $PM_{2.5}$ 质量浓度分布

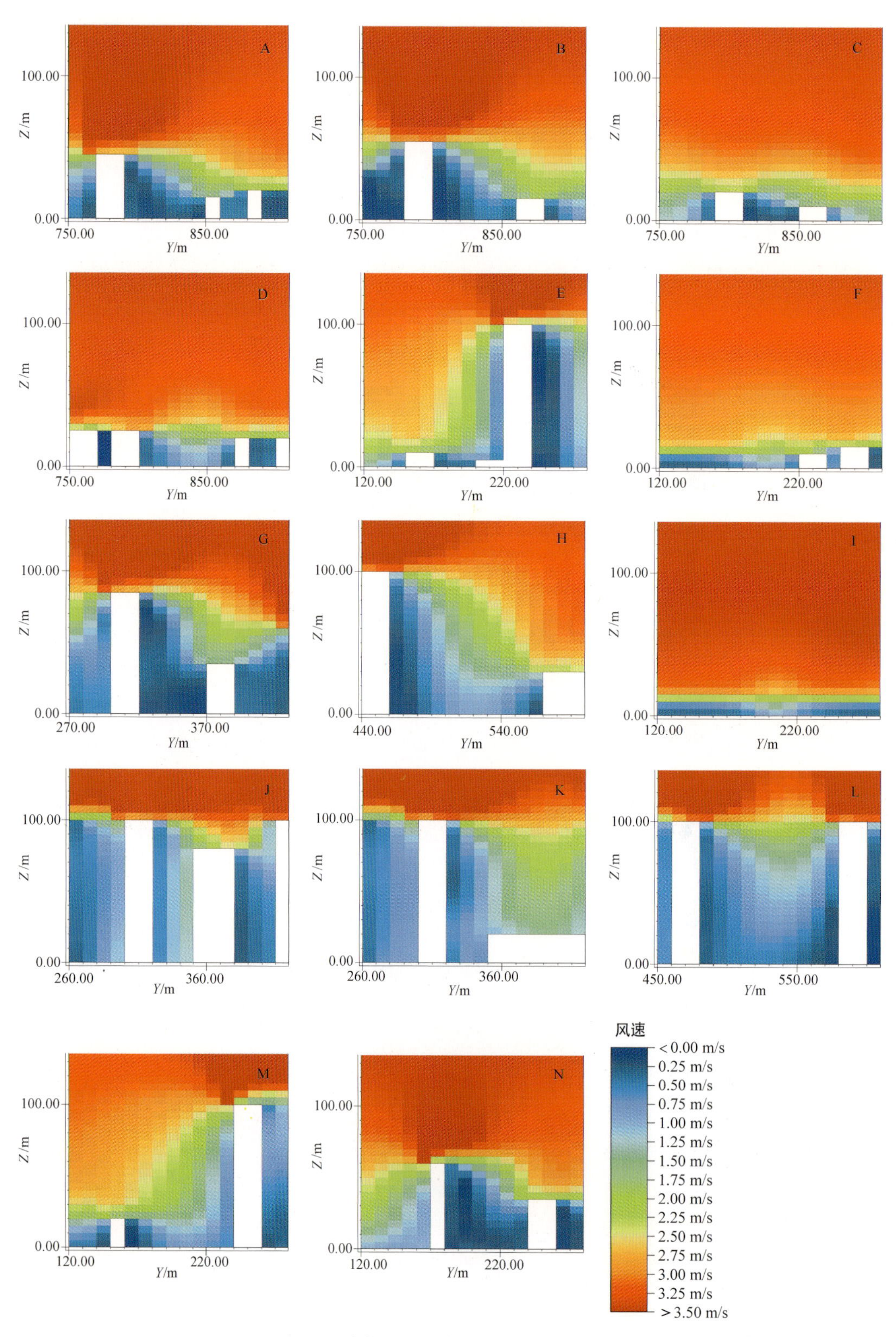

图 5-8　夏季街区垂直方向各测点风环境

如图 5-9 所示，该区域细颗粒物主要来自道路交通污染，因此细颗粒物主要从街道向外扩散，而周边建筑空间形态对细颗粒物扩散有重要影响。迎风面建筑高度对细颗粒物扩散有直接影响，建筑高度越高，细颗粒物越难以扩散。以 H、L 点为例，H 点迎风面建筑高度为 28 m，区域中心点 $PM_{2.5}$ 质量浓度约为 25.23 $\mu g \cdot m^{-3}$，L 点迎风面建筑高度为 100 m，区域中心点 $PM_{2.5}$ 质量浓度约为 26.4 $\mu g \cdot m^{-3}$。背风面建筑高度会显著影响街道风速大小，从而影响细颗粒物扩散。而除了建筑高度外，建筑长度对街区细颗粒物的扩散也同样有显著影响，以 E 点为例，迎风面建筑除高层建筑外，还有外围的低层附属商业用房，长达 164 m，迎风面建筑侧 $PM_{2.5}$ 质量浓度约为 30.4 $\mu g \cdot m^{-3}$，远高于其他区域。主要原因便是建筑过长，形成了较为封闭狭长的空间，从而使得细颗粒物在此积聚，难以扩散。

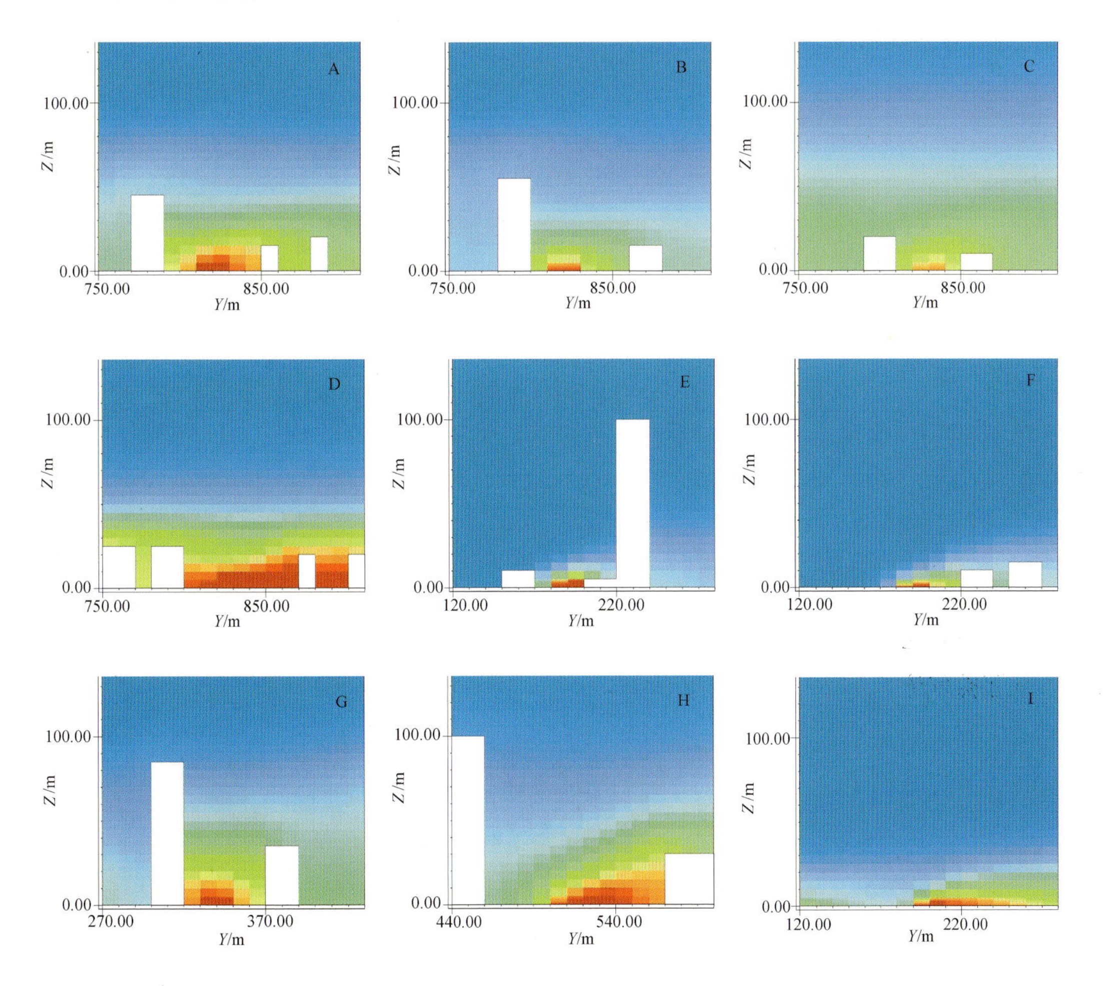

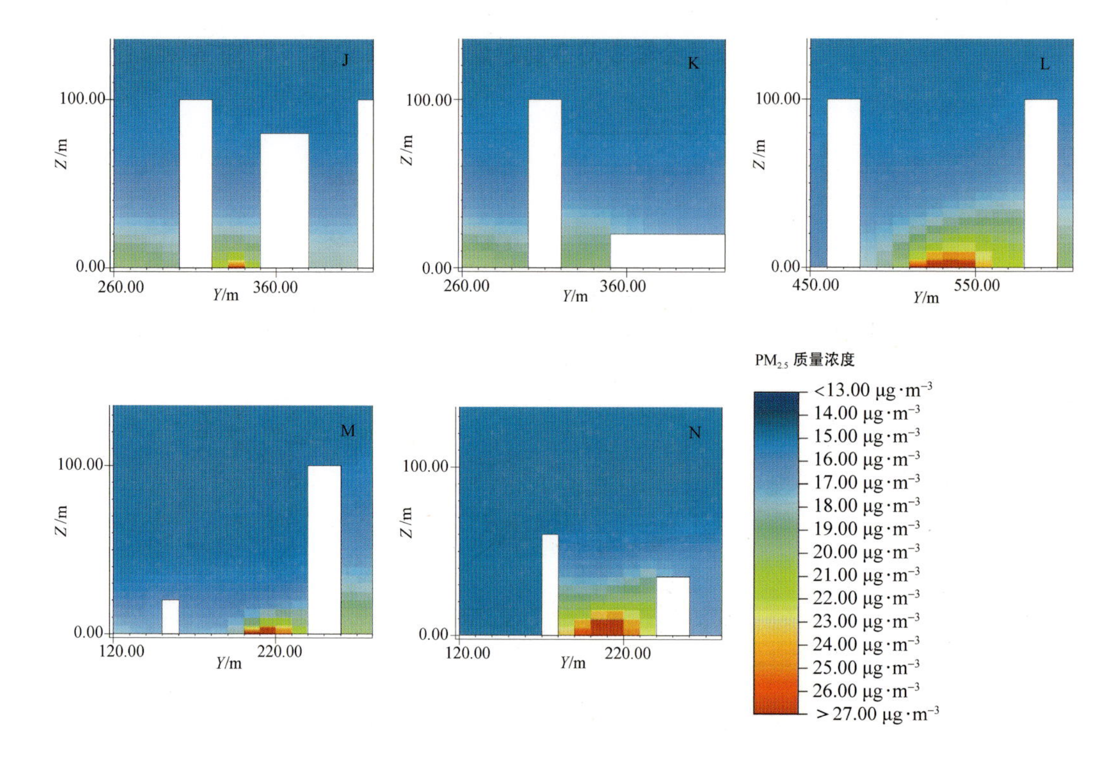

图 5-9　夏季街区垂直方向各测点 $PM_{2.5}$ 质量浓度分布

5.3.3　夏季街谷水平方向风环境及细颗粒物质量浓度分布

图 5-10（a）所示为同安街道峡谷水平方向风环境。夏季建筑物迎风侧的风速白天变化较为稳定，维持在 $1.4\ m\cdot s^{-1}$ 左右。夏季气温相对较高，导致空气热胀冷缩现象较明显，这种现象会影响空气的流动。具体来说，夏季的高温引起地表空气温度升高，空气密度降低，大气分子热运动增强和气体体积膨胀。在这个过程中，空气体积增大，密度减小，产生了向上的浮力，将冷空气推向上方，形成了热气流。此外，当夏季白天阳光直射地面时，地面温度较高，而街道峡谷中的空气较容易被地面加热，从而产生了对流运动，使得空气流动加快，因此风速相对较大。

图 5-10（b）所示为同安街道峡谷水平方向 $PM_{2.5}$ 质量浓度分布。总体而言，同安街道夏季 $PM_{2.5}$ 质量浓度较低。主要原因是夏季通常天气炎热，空气湿度高，大气流动较快，这种气象条件会使得污染物较快扩散。

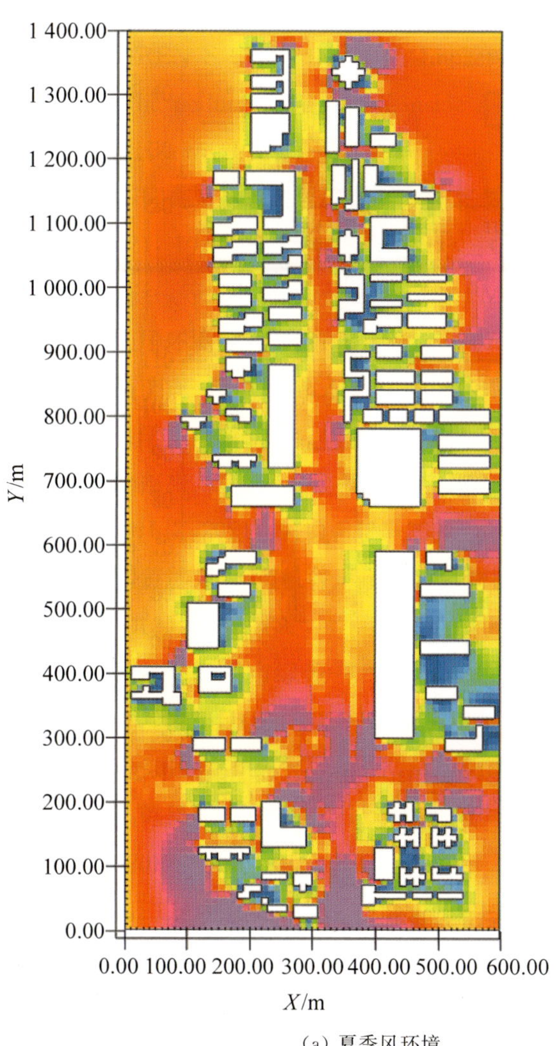

1 400.00
1 300.00
1 200.00
1 100.00
1 000.00
900.00
800.00
700.00
600.00
500.00
400.00
300.00
200.00
100.00
0.00
Y/m
0.00 100.00 200.00 300.00 400.00 500.00 600.00
X/m
风速
<0.00 m·s⁻¹
0.29 m·s⁻¹
0.57 m·s⁻¹
0.86 m·s⁻¹
1.14 m·s⁻¹
1.43 m·s⁻¹
1.72 m·s⁻¹
2.00 m·s⁻¹
2.29 m·s⁻¹
>2.57 m·s⁻¹
Min: 0.00 m·s⁻¹
Max: 2.85 m·s⁻¹

（a）夏季风环境

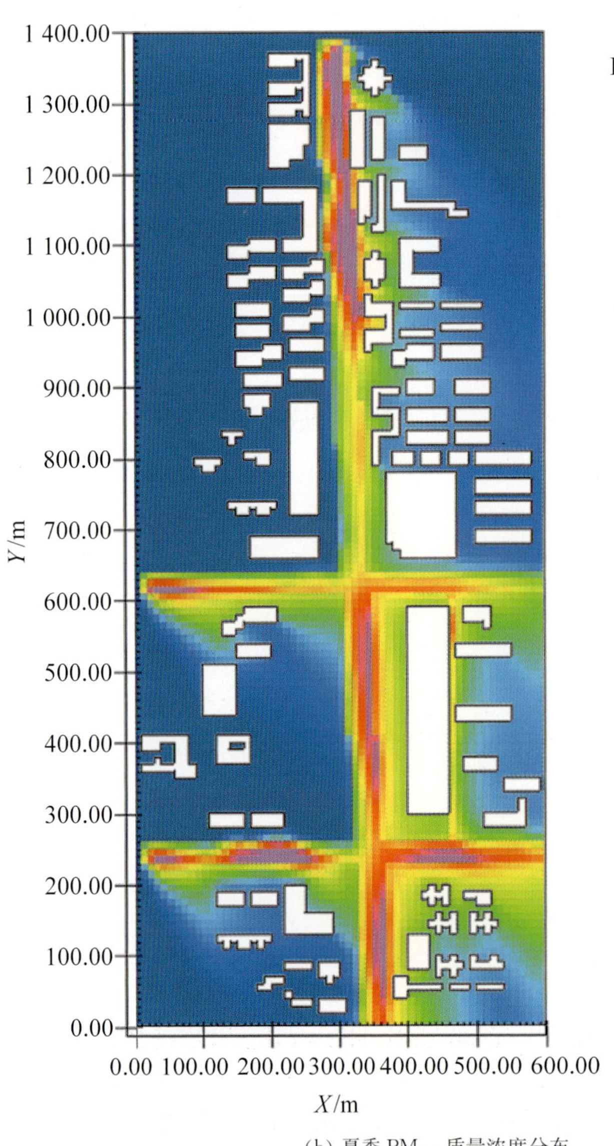

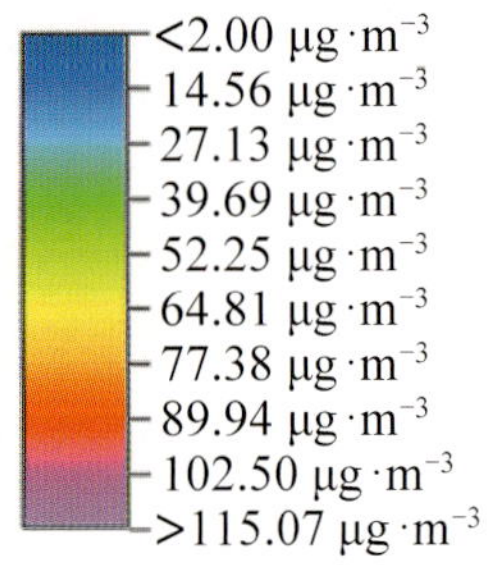

（b）夏季 $PM_{2.5}$ 质量浓度分布

图 5-10 夏季街谷水平方向风环境及 $PM_{2.5}$ 质量浓度分布

5.3.4　夏季街谷垂直方向风环境及细颗粒物质量浓度分布

室外通风对于健康和宜居城市非常重要，它受到风速和风向的影响，而风向和风速又受到街道峡谷形态的限制。根据图 5-11（a）所示的同安街道垂直方向风环境，可看出同一时刻风速差值最高达 0.96 m·s^{-1}。其中测点 E 位于城市开阔区域，周围无遮挡，近地空气温度高、热对流强，故风速值最大。

图 5-11（b）所示为同安街道垂直方向 $PM_{2.5}$ 质量浓度分布。在夏季，街道峡谷中不同测点细颗粒物质量浓度的差异也受到多种因素的共同影响。首先，交通流量仍然是一个重要因素，较高的交通流量会增加细颗粒物的排放量，导致其质量浓度升高。其次，建筑密度较高的区域在夏季仍然会限制空气流动，但相对于冬季，夏季的气象条件更有利于空气流动和扩散，因此细颗粒物质量浓度相对较低。最后，夏季的天气通常较为炎热，气温升高会增加空气的稳定性，减少细颗粒物的扩散，从而可能导致细颗粒物质量浓度上升。就测点位置来说，在开阔的区域或城市中心相对空旷的区域，如图 5-11 中测点 E 所在的城市口袋公园，由于没有建筑物或其他物体阻挡空气流动，空气可以较为顺畅地流动和扩散，从而降低了细颗粒物质量浓度。而测点 B 所在的高层建筑前的下沉广场形成的街道峡谷则会限制空气的流动，使得污染物无法扩散至更广阔的区域，导致细颗粒物质量浓度较高。下沉广场可能会发生温度层化现象，尤其是在晴朗天气。温度层化可以进一步抑制空气的垂直混合，导致细颗粒物在广场积聚。

5.4　冬季城市街区及街谷模拟结果与分析

5.4.1　冬季街区水平方向风环境及细颗粒物质量浓度分布

基于 ENVI-met 模拟，对该街区冬季在 1.5 m 高度水平方向上的风环境及 $PM_{2.5}$ 质量浓度分布进行可视化分析。如图 5-12 所示，该街区风环境在不同区域存在较为明显的差异，其中街道风速多为 1.2～1.65 m·s^{-1}，而居住区内部风速则多为 0.6～1.2 m·s^{-1}，公园绿化区域风速普遍较低，多小于 0.6 m·s^{-1}。主要原因是建筑及树木的遮挡会明显降低风速。由于冬季主导风为东北风，故在建筑西北角和东南角出现明显的高风速区域，多为 2.1～2.6 m·s^{-1}。

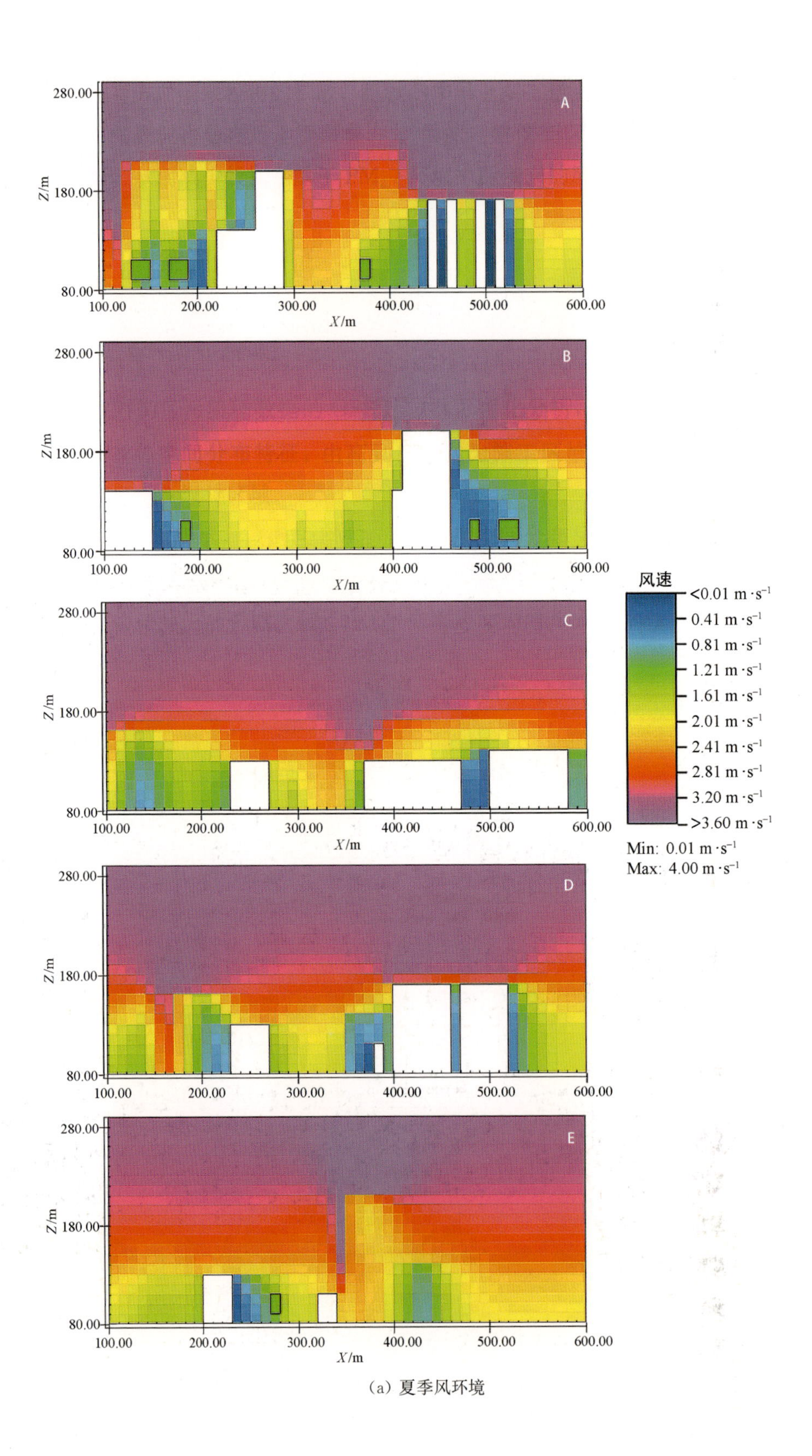
A
B
C
D
E
Z/m
X/m
280.00
180.00
80.00
100.00
200.00
300.00
400.00
500.00
600.00
风速
<0.01 m·s⁻¹
0.41 m·s⁻¹
0.81 m·s⁻¹
1.21 m·s⁻¹
1.61 m·s⁻¹
2.01 m·s⁻¹
2.41 m·s⁻¹
2.81 m·s⁻¹
3.20 m·s⁻¹
>3.60 m·s⁻¹
Min: 0.01 m·s⁻¹
Max: 4.00 m·s⁻¹

（a）夏季风环境

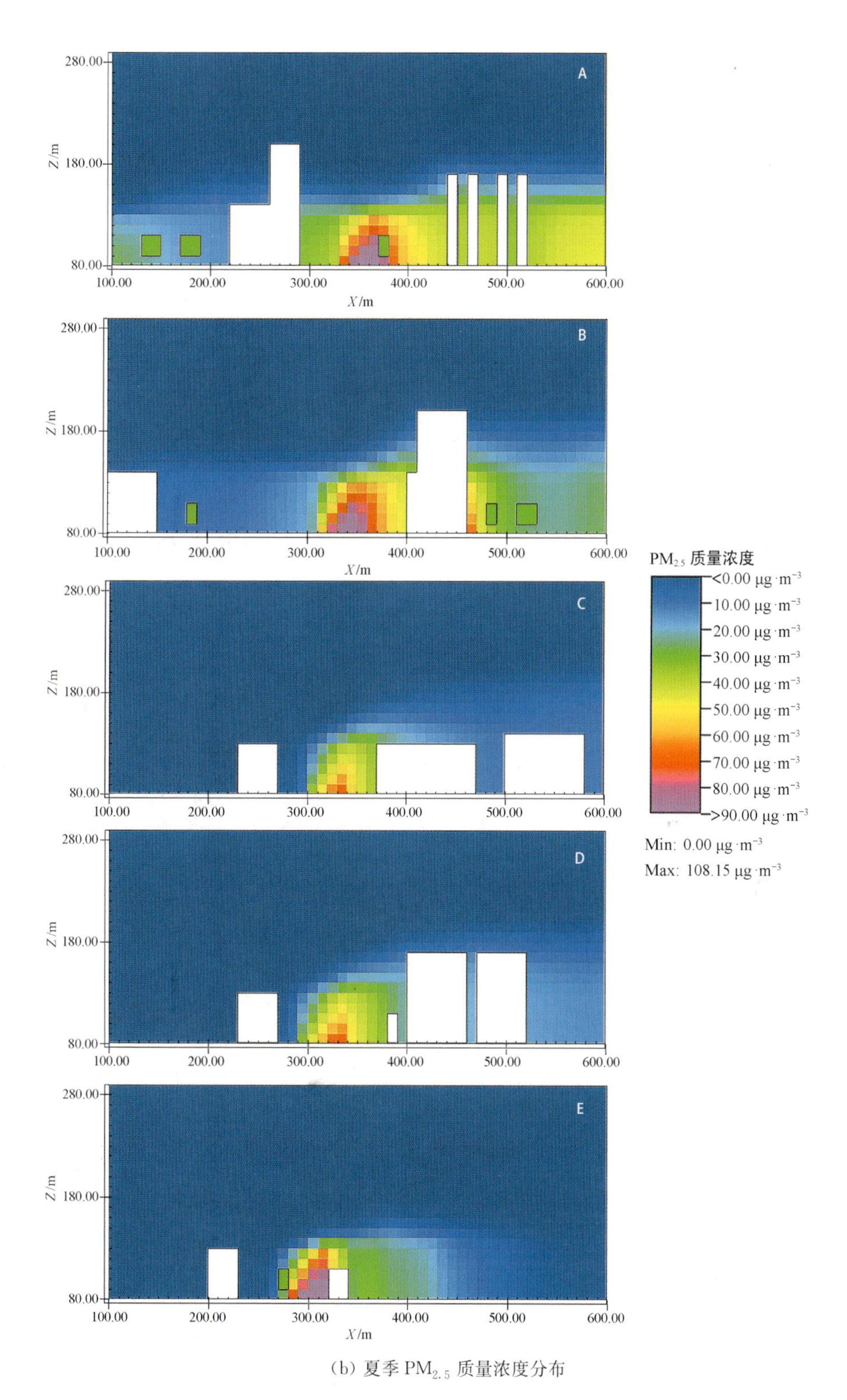

(b) 夏季 $PM_{2.5}$ 质量浓度分布

图 5-11 夏季街谷垂直方向风环境及 $PM_{2.5}$ 质量浓度分布

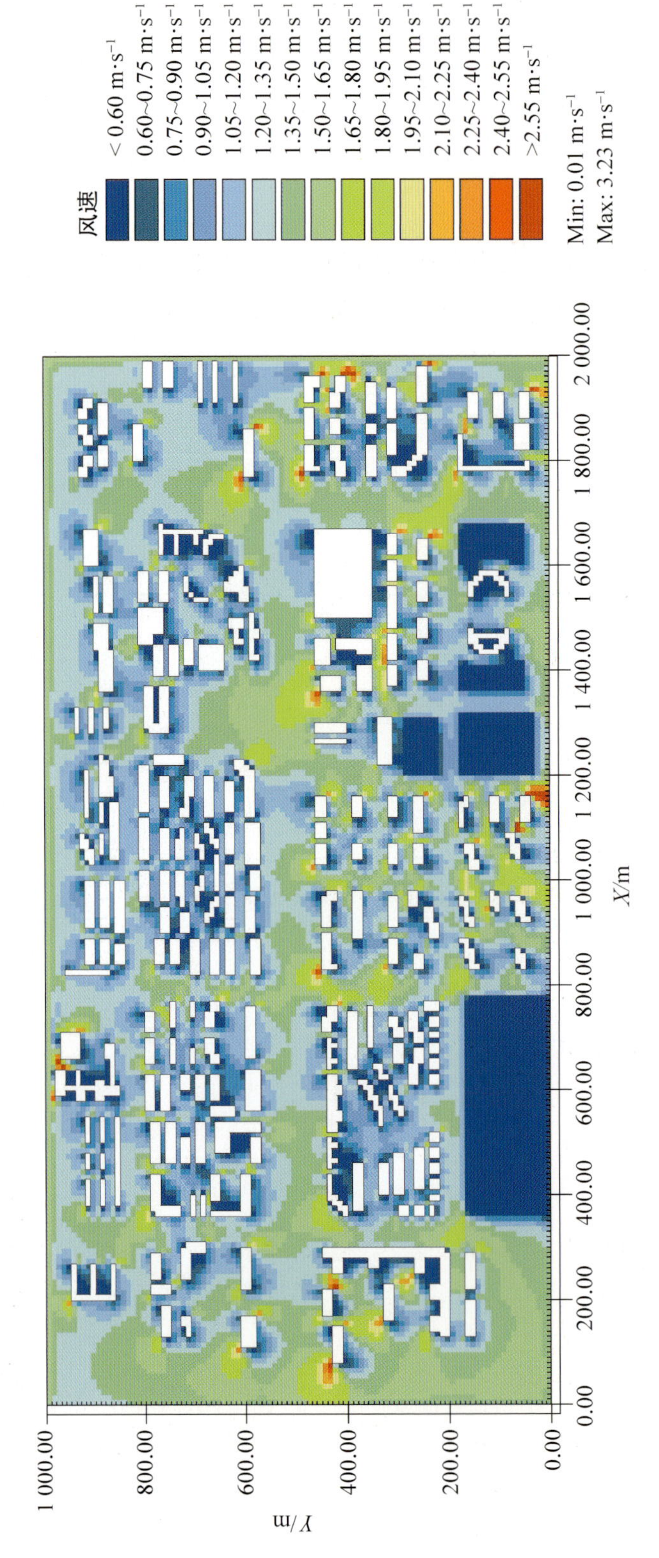

图 5-12 冬季街区水平方向风环境

如图 5-13 所示，该街区 $PM_{2.5}$ 质量浓度分布也出现较为显著的差异，且受东南风向的影响，$PM_{2.5}$ 呈现出明显的向西北方向扩散的趋势。其中街道 $PM_{2.5}$ 质量浓度多为 49～81 μg・m^{-3}，居住区内部 $PM_{2.5}$ 质量浓度相对较低，多为 25～45 μg・m^{-3}。受东北风向的影响，街区整体 $PM_{2.5}$ 质量浓度呈现出向西南方向递增的趋势，而在居住区内部则相反，$PM_{2.5}$ 质量浓度呈现出东北向高于西南向的趋势。其中东西走向的主干道出现多处 $PM_{2.5}$ 质量浓度高值区域，且各区域南向均为高层建筑，因此建筑高度对于街道 $PM_{2.5}$ 能否快速扩散起到关键作用，下风向建筑高度过高，会阻挡空气流动，进而引起 $PM_{2.5}$ 在该区域的积聚。

5.4.2　冬季街区垂直方向风环境及细颗粒物质量浓度分布

基于 ENVI-met 模拟，对该街区冬季各监测样点垂直方向上的风环境及 $PM_{2.5}$ 质量浓度分布进行可视化分析。如图 5-14 所示，各区域风环境受两侧建筑空间形态的影响呈现出较为明显的差异。其中以各区域中心点风速为例，由高到低依次为 J 点（1.85 m・s^{-1}）>L 点（1.47 m・s^{-1}）>M 点（1.44 m・s^{-1}）>H 点（1.4 m・s^{-1}）>F 点（1.3 m・s^{-1}）>B 点（1.27 m・s^{-1}）>A 点（1.23 m・s^{-1}）>D 点（1.22 m・s^{-1}）>E 点（1.18 m・s^{-1}）>G 点（1.16 m・s^{-1}）>C 点（1.08 m・s^{-1}）>N 点（1.07 m・s^{-1}）>I 点（0.96 m・s^{-1}）>K 点（0.67 m・s^{-1}）。由于冬季主导风向为东北向，故建筑南侧风速大多较低，而北侧为迎风面，风速较高。

如图 5-15 所示，高层建筑区域更易出现细颗粒物质量浓度高值区域，多层建筑区域细颗粒物质量浓度则相对较低。其中以各区域中心点细颗粒物质量浓度为例，由高到低依次为 L 点（90.74 μg・m^{-3}）>H 点（81.49 μg・m^{-3}）>G 点（71.7 μg・m^{-3}）>I 点（57.97 μg・m^{-3}）>C 点（57.89 μg・m^{-3}）>N 点（56.57 μg・m^{-3}）>E 点（56.18 μg・m^{-3}）>A 点（54.37 μg・m^{-3}）>M 点（51.41 μg・m^{-3}）>J 点（47.29 μg・m^{-3}）>B 点（47.1 μg・m^{-3}）>D 点（46.48 μg・m^{-3}）>F 点（45.76 μg・m^{-3}）>K 点（37.27 μg・m^{-3}）。由此可见，高层建筑会使得该区域 $PM_{2.5}$ 质量浓度显著增加，尤其是背风面建筑的高度对街道细颗粒物扩散有直接影响。

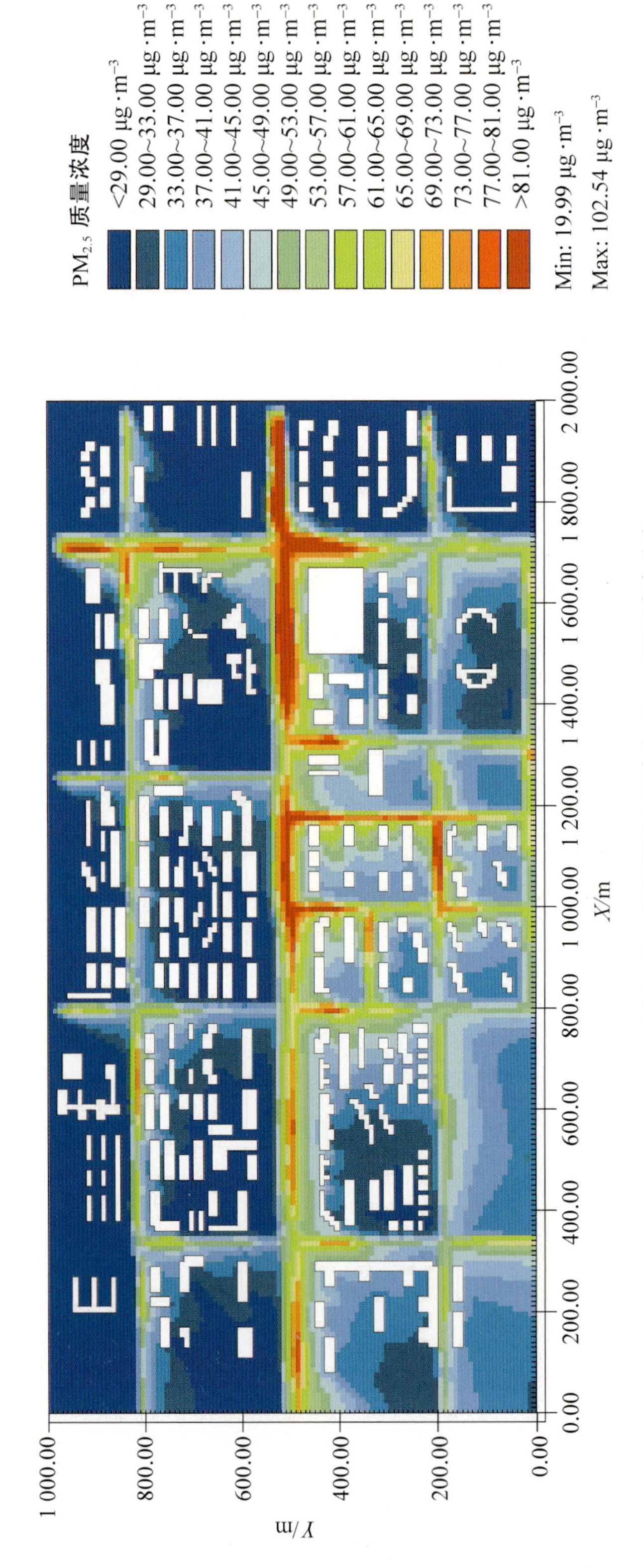

图 5-13　冬季街区水平方向 $PM_{2.5}$ 质量浓度分布

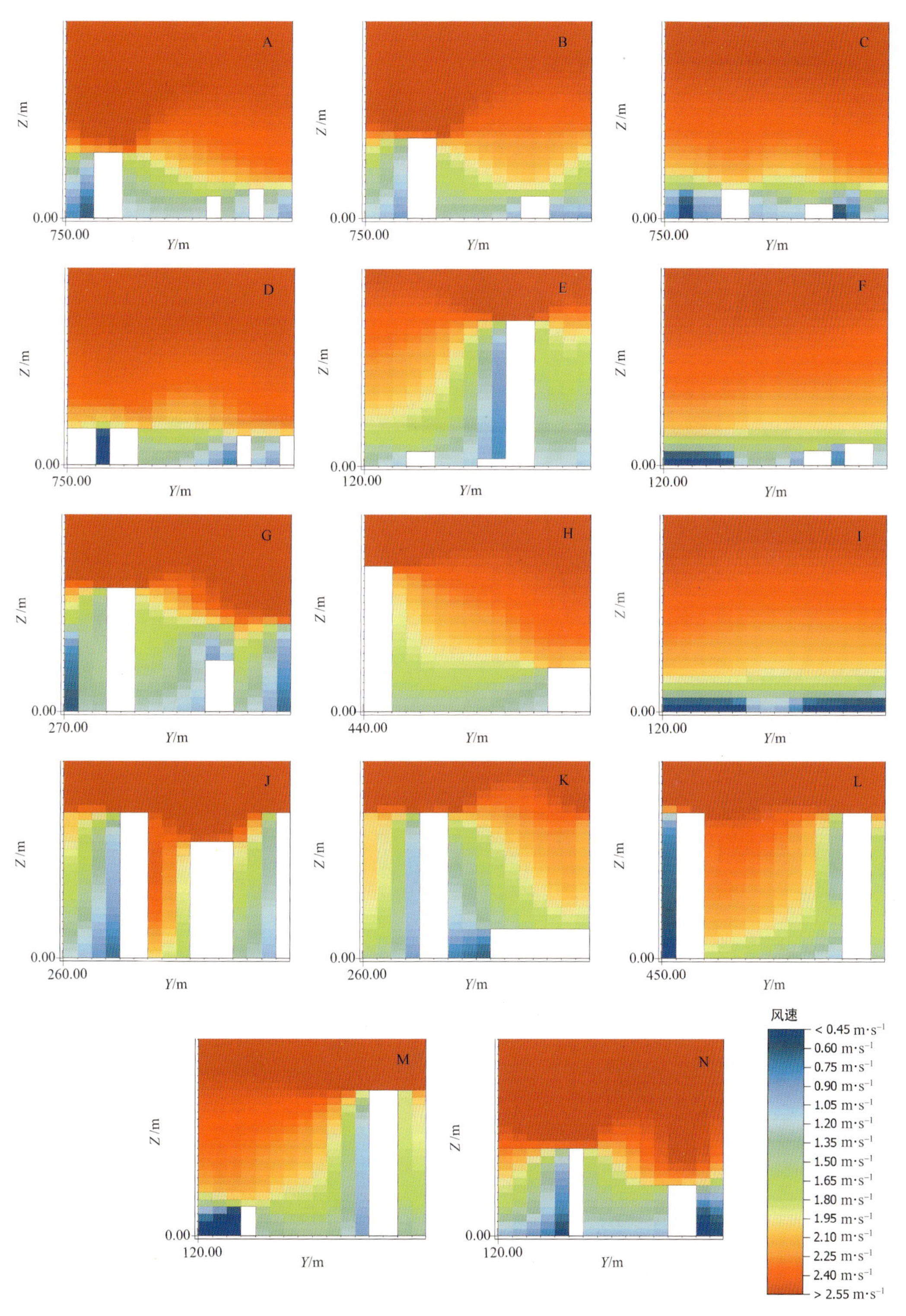

图 5-14　冬季街区垂直方向各测点风环境

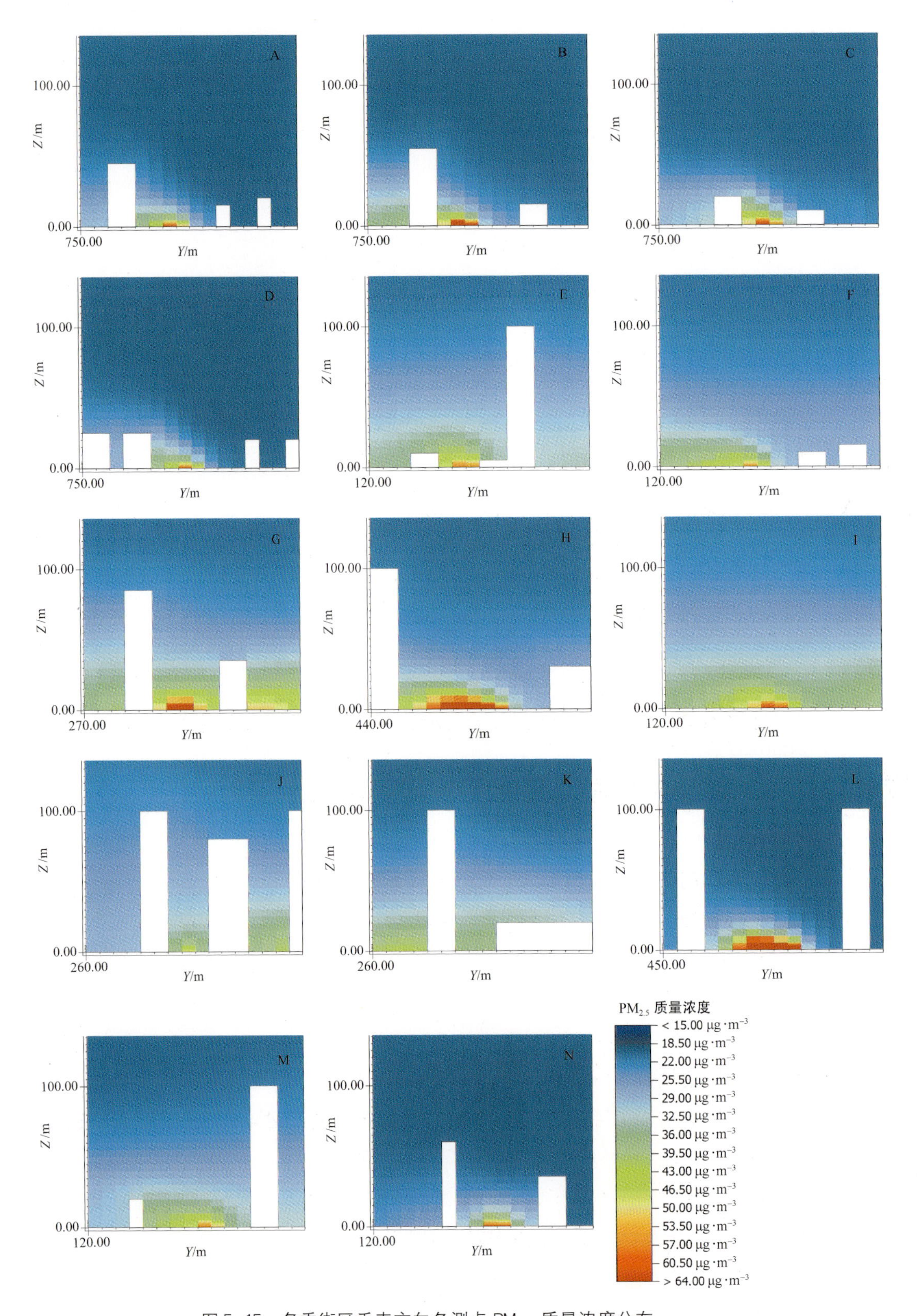

图 5-15 冬季街区垂直方向各测点 $PM_{2.5}$ 质量浓度分布

5.4.3　冬季街谷水平方向风环境及细颗粒物质量浓度分布

图 5-16（a）所示为同安街道峡谷水平方向风环境。冬季建筑物迎风侧的风速要低于夏季，白天维持在 1 $m \cdot s^{-1}$ 左右，直到 17:00 左右逐渐增大至 1.44 $m \cdot s^{-1}$。无论夏季还是冬季，风速在街道峡谷建筑背风侧都明显减弱，随着距离的增大逐渐增大，建筑物越密集的街道峡谷内风速越小。冬季空气冷缩，空气密度增加，气体体积变小，因此冬季的风速相对较小。此外，冬季太阳高度角较小，地面温度较低，因此对空气的加热不明显，对流运动也不太剧烈，导致风速相对较小。

图 5-16（b）所示为同安街道峡谷水平方向 $PM_{2.5}$ 质量浓度分布。总体而言，同安街道冬季细颗粒物质量浓度较夏季高，冬季空气中的细颗粒物质量浓度比夏季高 14.6%。冬季通常天气寒冷，空气湿度低，大气稳定。这种气象条件会导致污染物聚集在较低高度处，从而使能见度降低。在街道峡谷中，由于高楼的遮挡作用，阳光无法充分照射，导致空气温度更低，大气稳定层更加稳定，进一步限制了空气污染物的扩散，使细颗粒物质量浓度升高。冬季供暖是城市中细颗粒物的另一个主要来源，供暖系统中的燃煤、天然气等燃料燃烧会产生大量的细颗粒物。

5.4.4　冬季街谷垂直方向风环境及细颗粒物质量浓度分布

建筑物的高度和形状等会影响空气流动，在街道峡谷中，建筑物的高度和密度不同也会导致风速差异较大。图 5-17（a）所示为同安街道峡谷不同测点垂直方向风环境，从图中可以看出同一时间不同测点的风速差异较大，极值可达 0.82 $m \cdot s^{-1}$。

图 5-17（b）所示为同安街道峡谷不同测点垂直方向 $PM_{2.5}$ 质量浓度分布。在冬季，街道峡谷中不同测点细颗粒物质量浓度的差异主要受以下因素影响：首先，交通流量增加了污染物的排放量，导致细颗粒物质量浓度升高；其次，建筑密度较高的区域容易形成峡谷，限制了空气的流动，使得污染物无法扩散至更广阔的区域，从而导致细颗粒物质量浓度较高；最后，冬季的天气条件通常较为稳定，空气流动较缓慢，导致细颗粒物停留时间增加，进一步提高了细颗粒物质量浓度。就测点位置来说，在峡谷中或者靠近高建筑物的区域（如测点 B），细颗粒物质量浓度更高，因为空气流动受到限制，导致污染物无法有效扩散。

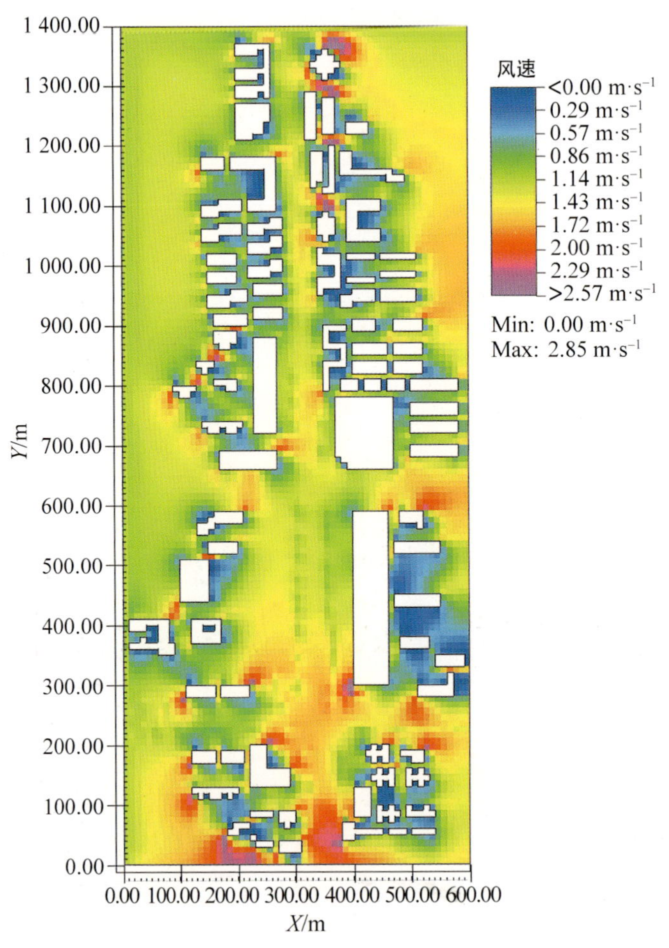

风速
<0.00 m·s⁻¹
0.29 m·s⁻¹
0.57 m·s⁻¹
0.86 m·s⁻¹
1.14 m·s⁻¹
1.43 m·s⁻¹
1.72 m·s⁻¹
2.00 m·s⁻¹
2.29 m·s⁻¹
>2.57 m·s⁻¹
Min: 0.00 m·s⁻¹
Max: 2.85 m·s⁻¹
Y/m
X/m
1 400.00
1 300.00
1 200.00
1 100.00
1 000.00
900.00
800.00
700.00
600.00
500.00
400.00
300.00
200.00
100.00
0.00
0.00 100.00 200.00 300.00 400.00 500.00 600.00

（a）冬季风环境

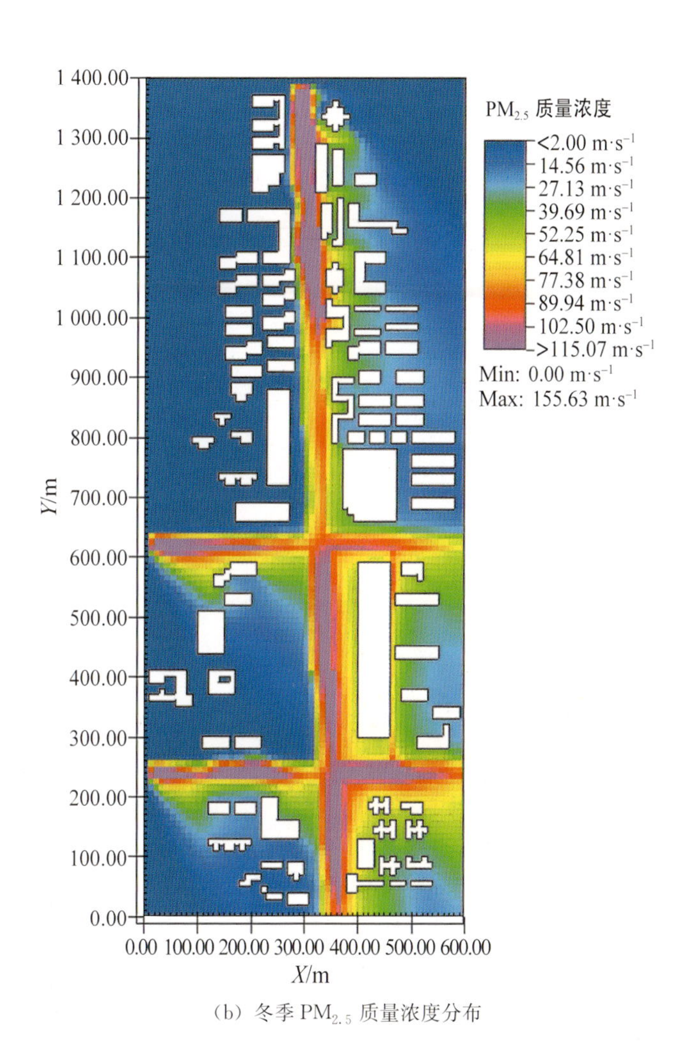

（b）冬季 $PM_{2.5}$ 质量浓度分布

图 5-16　冬季街谷水平方向风环境及 $PM_{2.5}$ 质量浓度分布

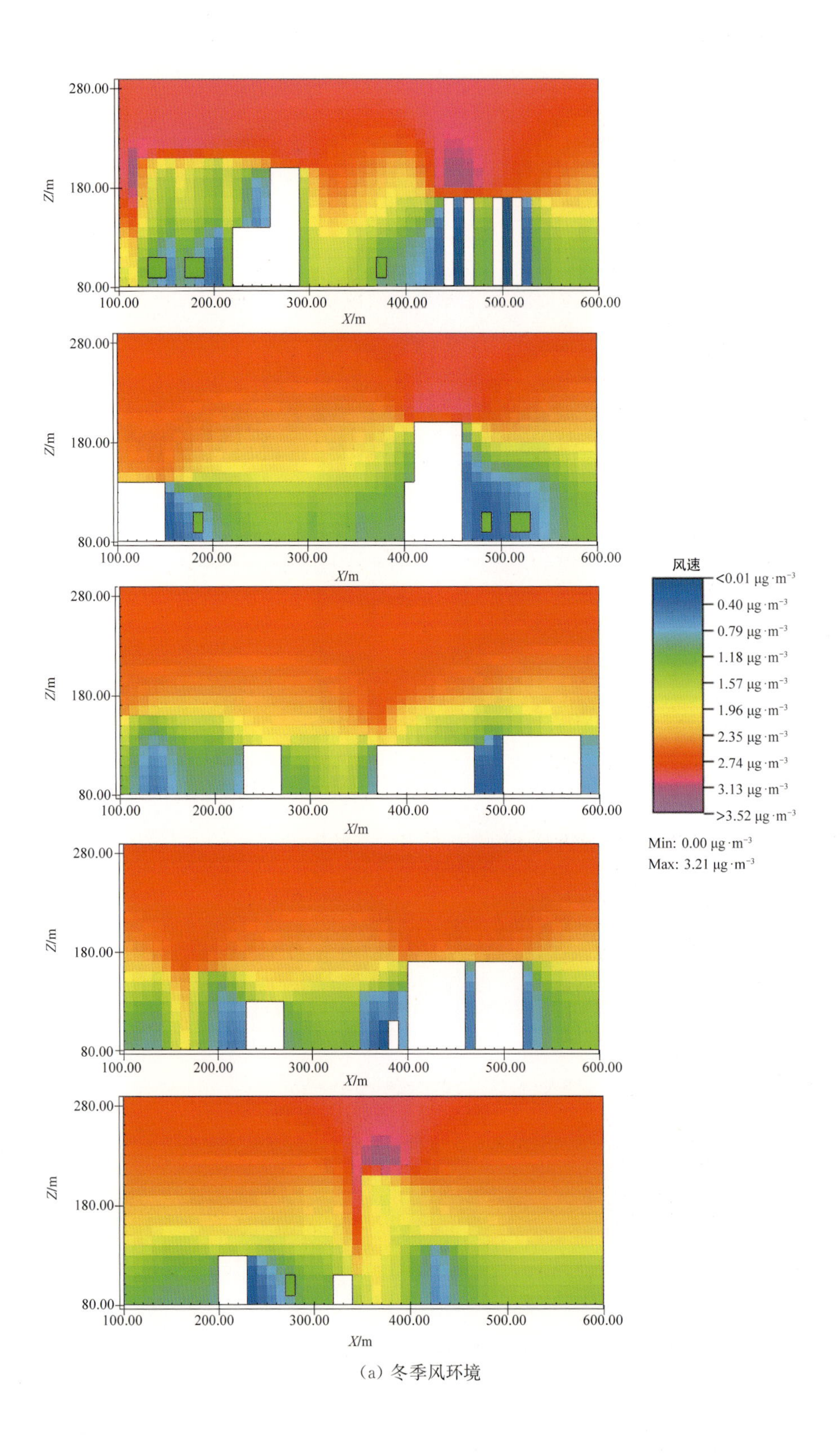
280.00
180.00
80.00
Z/m
100.00
200.00
300.00
400.00
500.00
600.00
X/m
风速
<0.01 μg·m⁻³
0.40 μg·m⁻³
0.79 μg·m⁻³
1.18 μg·m⁻³
1.57 μg·m⁻³
1.96 μg·m⁻³
2.35 μg·m⁻³
2.74 μg·m⁻³
3.13 μg·m⁻³
>3.52 μg·m⁻³
Min: 0.00 μg·m⁻³
Max: 3.21 μg·m⁻³

（a）冬季风环境

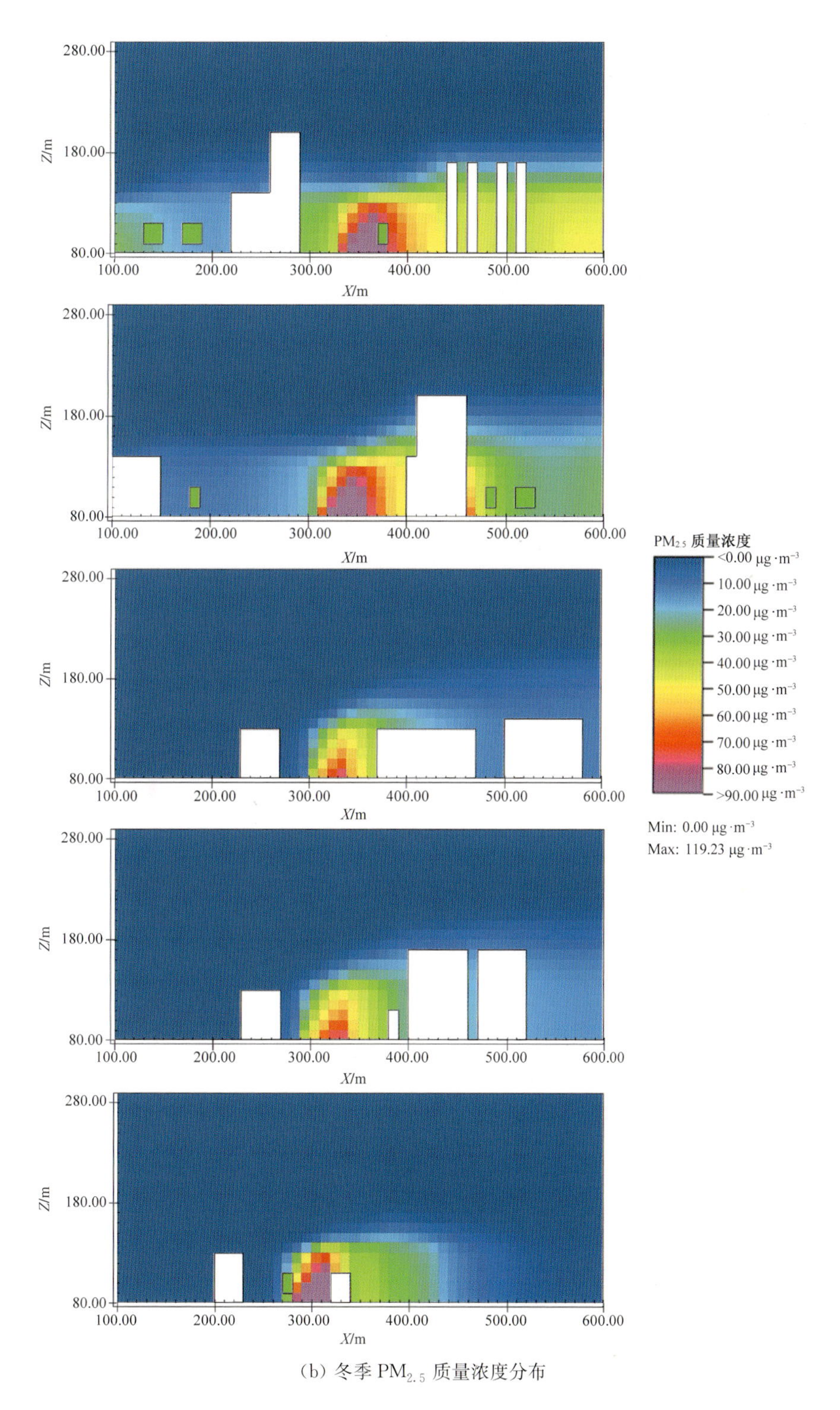

(b) 冬季 $PM_{2.5}$ 质量浓度分布

图 5-17　冬季街谷垂直方向风环境及 $PM_{2.5}$ 质量浓度分布

第六章

城市街区及街谷典型空间形态优化策略

6.1　城市街区典型空间形态优化

6.1.1　街谷长宽比控制

由于沿街建筑长度与街道宽度对街道内 $PM_{2.5}$ 质量浓度都有显著影响，故通过对街谷长宽比的控制达到对 $PM_{2.5}$ 扩散过程的影响。如图 6-1 所示，通过 ENVI-met 对沿街建筑长度与街道宽度的不同组合进行数值模拟，包括 30 m、40 m、50 m、60 m、70 m、80 m 的沿街建筑长度与 50 m、60 m、70 m 的街道宽度，得出不同街谷长宽比下的 $PM_{2.5}$ 质量浓度变化趋势。

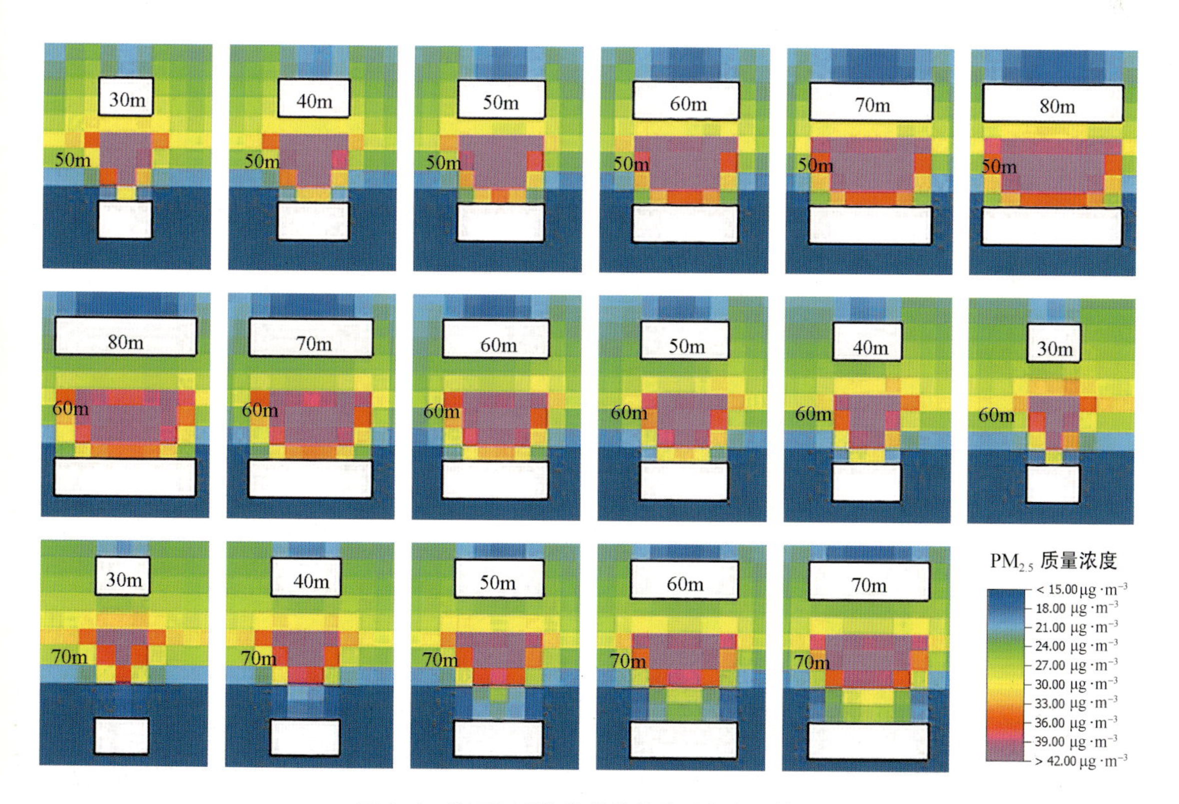

图 6-1　基于细颗粒物模拟的街谷长宽比控制

如图 6-2 所示，$PM_{2.5}$ 质量浓度随着街谷长宽比的增加，呈现出先上升后下降的趋势，并大致于 $L/W=0.7$ 时达到峰值。$L/W<0.7$ 时，$PM_{2.5}$ 质量浓度随

着街谷长宽比的增加呈现出上升趋势，且上升趋势较为显著；$L/W>0.7$ 时，$PM_{2.5}$ 质量浓度随着街谷长宽比的增加呈现出下降趋势，下降趋势由急剧转为平缓。因此，在街区规划设计时，控制街谷长宽比对街道内细颗粒物扩散有积极影响，建议街谷长宽比控制在 1～1.5 之间。

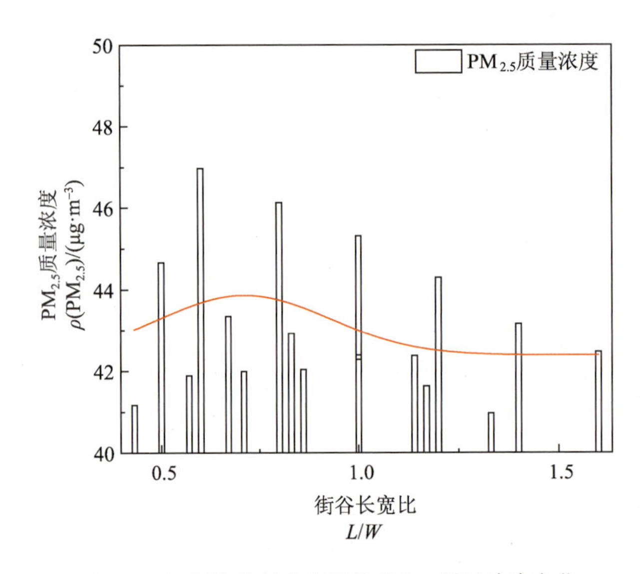

图 6-2 不同街谷长宽比下的 $PM_{2.5}$ 质量浓度变化

6.1.2 建筑高度比控制

由于迎风面与背风面建筑的高度对街道内 $PM_{2.5}$ 质量浓度都有显著影响，故通过对建筑高度比的控制达到对 $PM_{2.5}$ 扩散过程的影响。如图 6-3 所示，通过 ENVI-met 对背风面与迎风面建筑的不同高度组合进行数值模拟，包括 10 m、18 m、24 m、30 m、40 m、50 m、60 m、80 m 与 100 m 的建筑高度，得出不同建筑高度比下的 $PM_{2.5}$ 质量浓度变化趋势。

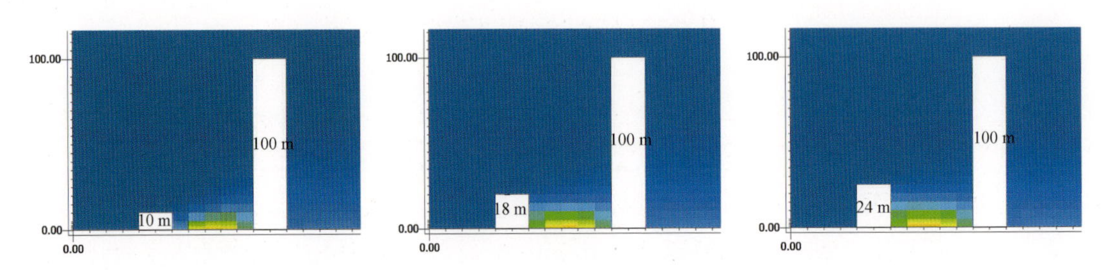

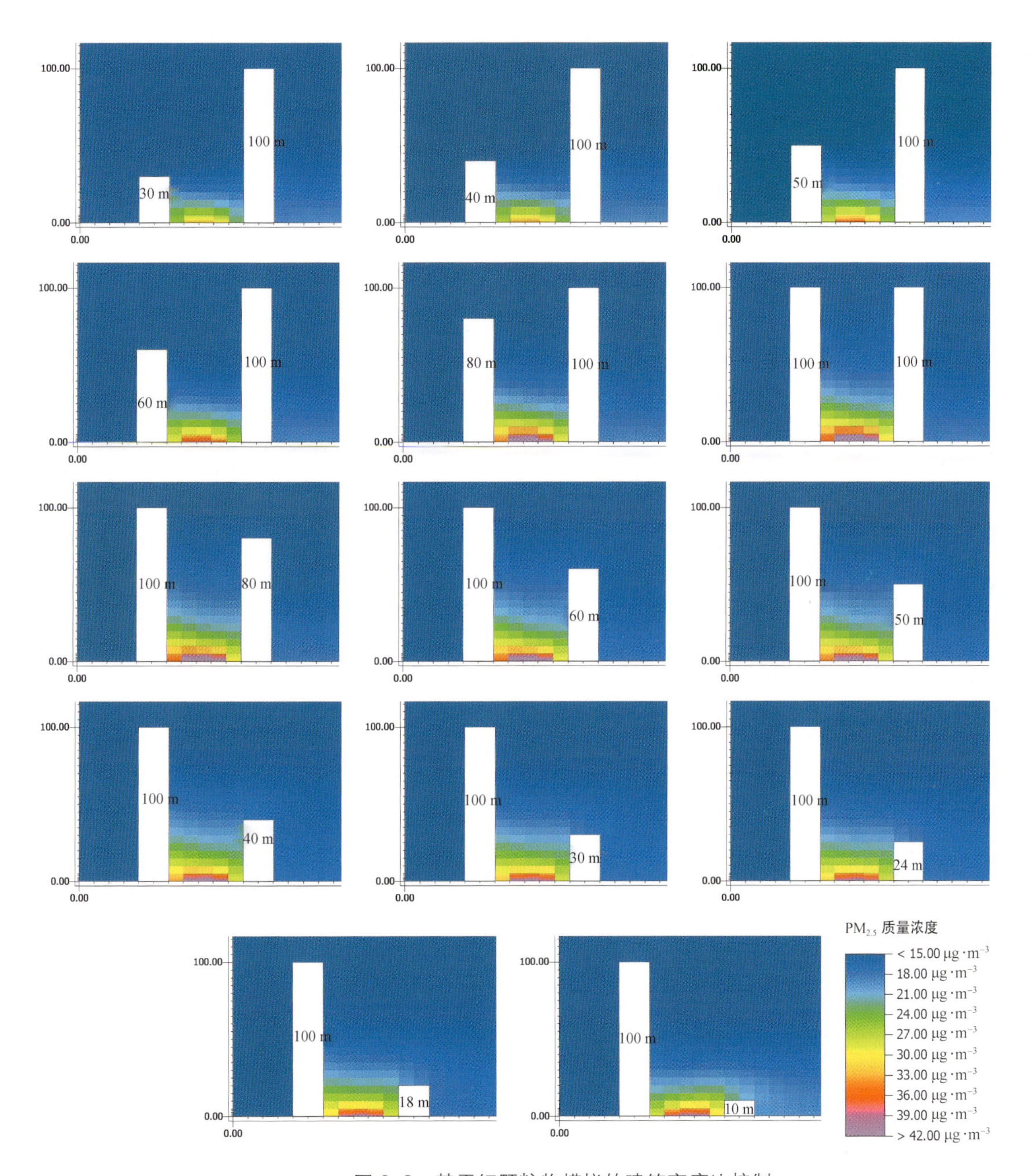

图 6-3　基于细颗粒物模拟的建筑高度比控制

如图 6-4 所示，$PM_{2.5}$ 质量浓度随着建筑高度比的增加，呈现出先上升后下降的趋势，并于 $H_{LB}/H_{WB}=1$ 时达到峰值。$H_{LB}/H_{WB}<1$ 时，$PM_{2.5}$ 质量浓度随着建筑高度比的增加呈现出上升趋势，且上升趋势较为显著；$H_{LB}/H_{WB}>1$ 时，$PM_{2.5}$ 质量浓度随着建筑高度比的增加呈现出下降趋势，下降趋势相对较缓。因此，在街区规划设计时，控制沿街建筑高度对街道内细颗粒物扩散有积极影响，

建议建筑高度比优先控制为 0～0.5，其次为 2～4[62]，即尽量避免两侧建筑等高。

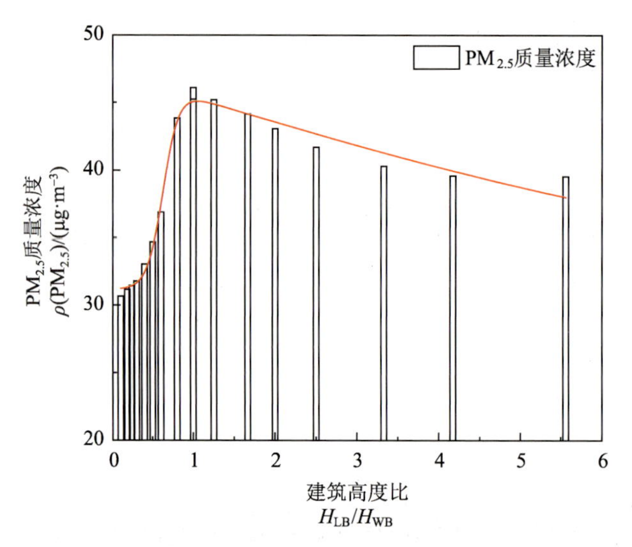

图 6-4 不同建筑高度比下的 $PM_{2.5}$ 质量浓度变化

6.1.3 街谷高宽比控制

由于街道两侧建筑高度与街道宽度对街道内 $PM_{2.5}$ 质量浓度都有显著影响，故通过对街谷高宽比的控制达到对 $PM_{2.5}$ 扩散过程的影响。如图 6-5 所示，通过 ENVI-met 对建筑高度与街道宽度的不同组合进行数值模拟，包括 10 m、18 m、24 m、30 m、40 m、50 m、60 m、80 m、100 m 的建筑高度与 50 m、70 m 的街道宽度，得出不同街谷高宽比下的 $PM_{2.5}$ 质量浓度变化趋势。

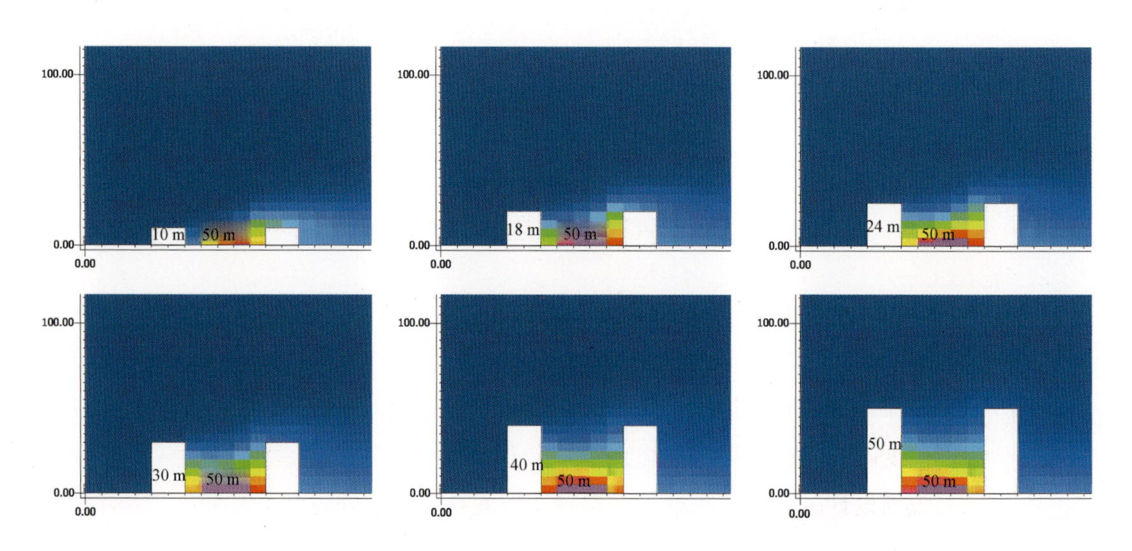

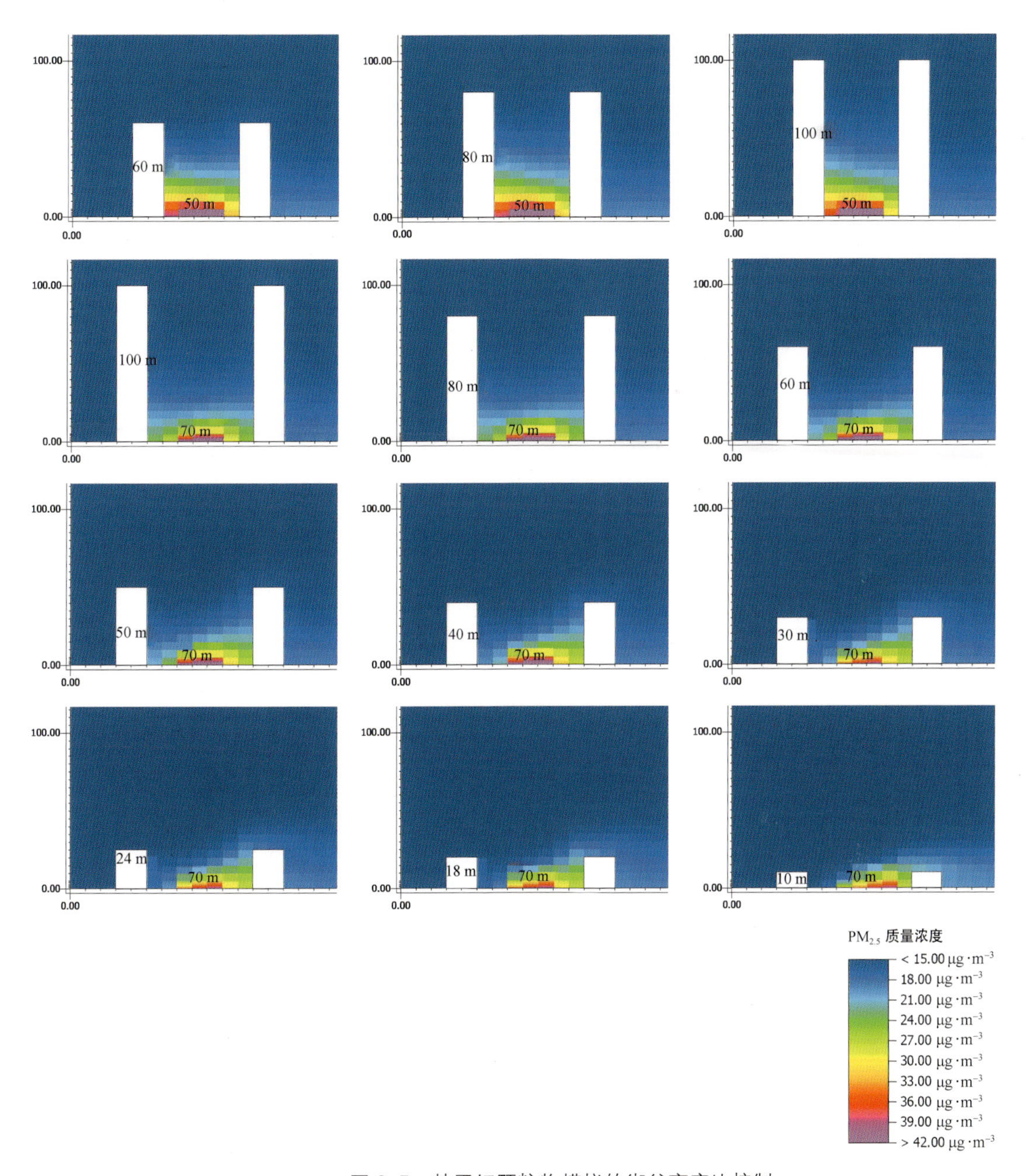

图 6-5　基于细颗粒物模拟的街谷高宽比控制

如图 6-6 所示，$PM_{2.5}$ 质量浓度随着街谷高宽比的增加，呈现出先上升后下降的趋势，并大致于 $H/W=1$ 时达到峰值。$H/W<1$ 时，$PM_{2.5}$ 质量浓度随着街谷高宽比的增加呈现出上升趋势，且上升趋势较为显著；$H/W>1$ 时，$PM_{2.5}$ 质量浓度随着街谷高宽比的增加呈现出下降趋势，下降趋势较为平缓。因此，在街区规划设计时，控制街谷高宽比对街道内细颗粒物扩散有积极影响，建议街谷

高宽比控制在 0～1 之间[63]，且越小越好。

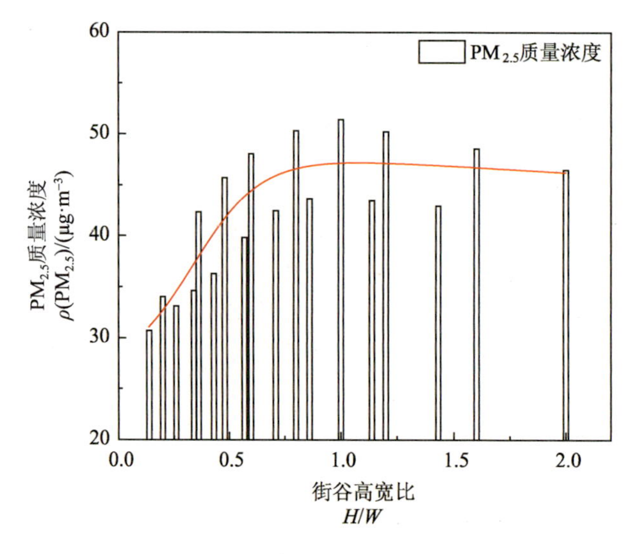

图 6-6　不同街谷高宽比下的 $PM_{2.5}$ 质量浓度变化

6.2　城市街谷典型空间形态优化

城市街谷内的道路宽度相对固定，塔式建筑的高度为 87 m，裙房的高度为 20 m。在现状区域内，根据下沉广场实测数据建立理想数值模型，用于对比优化方案。通过改变下沉广场的体量、位置和形状，以及增添绿化，分别建立 4 套优化模拟方案，详细数据见表 6-1。

表 6-1　城市街谷典型空间形态优化方案

<table>
<tr><th colspan="2">方案对比</th><th>模型要素特征</th><th>详细说明</th><th>备注</th></tr>
<tr><td colspan="2">原有方案</td><td>基准模型</td><td>根据下沉广场外部空间实测数据建立的数值模型</td><td>用作与其他方案对比</td></tr>
<tr><td>优化方案</td><td>方案 1 体量设计</td><td>方案 1-1：深度
方案 1-2：宽度
方案 1-3：深度＋宽度</td><td>统一增加下沉广场深度至 7 m
统一增加下沉广场宽度至 60 m
同时增加下沉广场的深度、宽度至 7 m、60 m</td><td>通过改变下沉广场的深度或宽度，改变其体量大小</td></tr>
</table>

（续表）

方案对比		模型要素特征	详细说明	备注
优化方案	方案 2 位置设计	方案 2-1：前置 方案 2-2：居中	将下沉广场放置到离建筑远、靠近道路的一侧，体量不变 将下沉广场放置于道路和建筑中间，体量不变	通过移动下沉广场的位置优化下沉广场空间
	方案 3 形状设计	方案 3-1：方形 方案 3-2：圆形	将原下沉广场由长条形改为方形，并保持体量基本一致 将原下沉广场由长条形改为圆形，并保持体量基本一致	通过改变下沉广场的形状优化下沉广场空间
	方案 4 绿化设计	树木＋草地	在原下沉广场内增添绿化，包括树木和草地等	通过改变下沉广场的环境优化下沉广场空间

6.2.1　下沉广场体量控制

运用 Origin 软件对不同体量的下沉广场中细颗粒物质量浓度随时间变化的特征进行分析，其中原有方案基准模型的 $PM_{2.5}$ 质量浓度分布情况见图 6-7。可以看出不同体量模拟方案的 $PM_{2.5}$ 质量浓度具有显著差异，并呈现出“双峰单谷”的变化趋势。其中基准模型 $PM_{2.5}$ 质量浓度的峰值出现在 9：00，为 $53.59\ \mu g \cdot m^{-3}$，谷值出现在 13:00，为 $35.85\ \mu g \cdot m^{-3}$，差值为 $17.74\ \mu g \cdot m^{-3}$。方案 1-1 $PM_{2.5}$ 质量浓度的峰值为 $53.79\ \mu g \cdot m^{-3}$，谷值为 $36.01\ \mu g \cdot m^{-3}$，差值为 $17.78\ \mu g \cdot m^{-3}$；方案 1-2 $PM_{2.5}$ 质量浓度的峰值为 $53.05\ \mu g \cdot m^{-3}$，谷值为 $35.33\ \mu g \cdot m^{-3}$，差值为 $17.72\ \mu g \cdot m^{-3}$；方案 1-3 $PM_{2.5}$ 质量浓度的峰值为 $53.25\ \mu g \cdot m^{-3}$，谷值为 $35.54\ \mu g \cdot m^{-3}$，差值为 $17.71\ \mu g \cdot m^{-3}$。

对不同体量设计方案的 $PM_{2.5}$ 质量浓度分别取平均值，发现相较于原有方案，方案 1-1 $PM_{2.5}$ 平均质量浓度同比上升 0.36%；方案 1-2 $PM_{2.5}$ 平均质量浓度同比下降 1.27%；方案 1-3 $PM_{2.5}$ 平均质量浓度同比下降 0.87%。说明在地面以上的人行高度（1.5 m），下沉广场深度的改变对 $PM_{2.5}$ 质量浓度的影响较小，可以忽略。但是下沉广场增大宽度，可以在一定程度上降低 $PM_{2.5}$ 质量浓度，改善人行高度的空气质量。

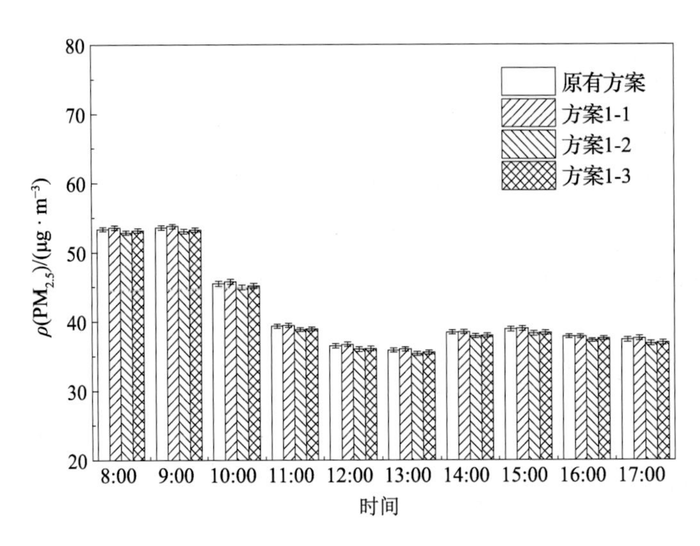

图 6-7　不同体量的下沉广场 $PM_{2.5}$ 质量浓度分布

6.2.2　下沉广场位置控制

运用 Origin 软件对不同位置的下沉广场中细颗粒物质量浓度随时间变化的特征进行分析，其中原有方案基准模型的 $PM_{2.5}$ 质量浓度分布情况见图 6-8。可以看出不同位置模拟方案的 $PM_{2.5}$ 质量浓度呈现出“双峰单谷”的变化趋势。其中方案 2-1 $PM_{2.5}$ 质量浓度日际变化的峰值为 63.50 $\mu g \cdot m^{-3}$，谷值为

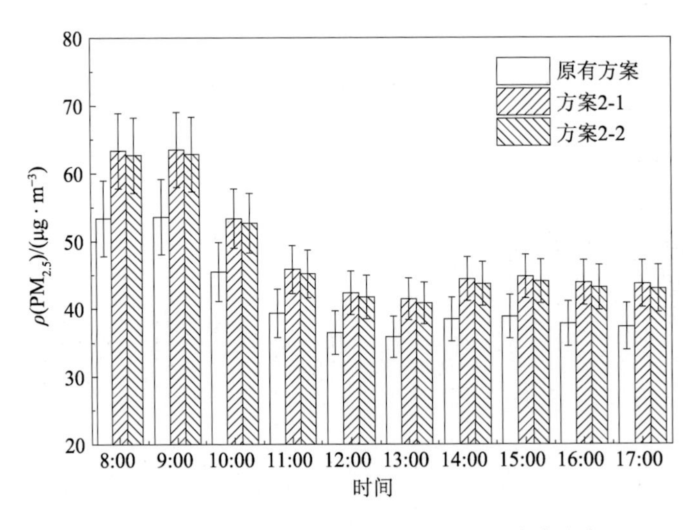

图 6-8　不同位置的下沉广场 $PM_{2.5}$ 质量浓度分布

41.44 $\mu g \cdot m^{-3}$，差值为 22.06 $\mu g \cdot m^{-3}$；方案 2-2 $PM_{2.5}$ 质量浓度日际变化的峰值为 62.81 $\mu g \cdot m^{-3}$，谷值为 40.81 $\mu g \cdot m^{-3}$，差值为 22 $\mu g \cdot m^{-3}$。

对不同位置设计方案的 $PM_{2.5}$ 质量浓度分别取平均值，发现相较于原有方案，方案 2-1 $PM_{2.5}$ 平均质量浓度同比上升 16.74%，方案 2-2 平均质量浓度同比上升 15.13%。说明街道峡谷内下沉广场的 $PM_{2.5}$ 质量浓度不稳定，可能受到交通量、人群活动、餐饮、工业排放等多种因素的影响。

6.2.3 下沉广场形状控制

运用 Origin 软件对不同形状的下沉广场中细颗粒物质量浓度随时间变化的特征进行分析，其中原有方案基准模型的 $PM_{2.5}$ 质量浓度分布情况见图 6-9。方案 3-1 $PM_{2.5}$ 质量浓度日际变化的峰值为 58.67 $\mu g \cdot m^{-3}$，谷值为 38.61 $\mu g \cdot m^{-3}$，差值为 20.06 $\mu g \cdot m^{-3}$；方案 3-2 $PM_{2.5}$ 质量浓度日际变化的峰值为 59.46 $\mu g \cdot m^{-3}$，谷值为 39.07 $\mu g \cdot m^{-3}$，差值为 20.39 $\mu g \cdot m^{-3}$。

对不同形状设计方案的 $PM_{2.5}$ 质量浓度分别取平均值，发现相较于原有方案，方案 3-1 $PM_{2.5}$ 平均质量浓度同比上升 8.41%，方案 3-2 $PM_{2.5}$ 平均质量浓度同比上升 9.76%。说明街道峡谷内下沉广场的 $PM_{2.5}$ 质量浓度日内变化程度较大，第一个峰值出现在早高峰，第二个峰值出现在下午 15:00。说明下沉广场内的 $PM_{2.5}$ 质量浓度除了受到早晚高峰的影响外，也受到商场内人群活动和餐饮的影响。

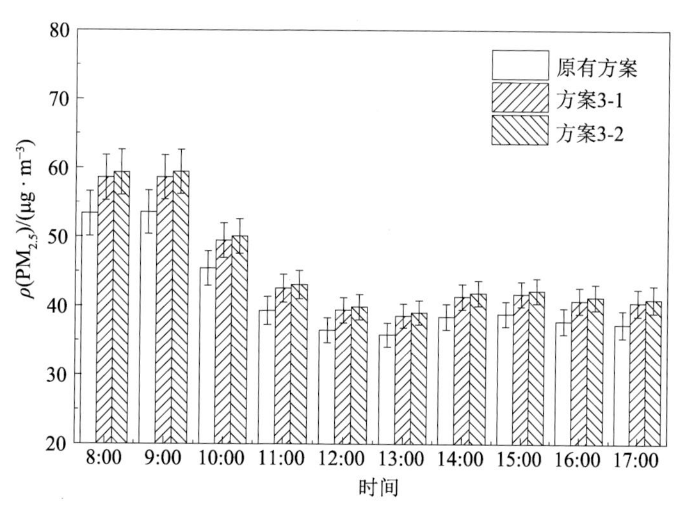

图 6-9　不同形状的下沉广场 $PM_{2.5}$ 质量浓度分布

6.3 基于优化的案例模拟验证

6.3.1 优化方案构建

根据街区空间形态设计指标对细颗粒物质量浓度的影响可知，街区的建筑高度比、街谷高宽比、街谷长宽比在合理的阈值范围内，可以对细颗粒物的扩散起到积极影响。为验证各设计指标优化的有效性和科学性，运用 ENVI-met 对案例进行优化模拟，如图 6-10 所示。

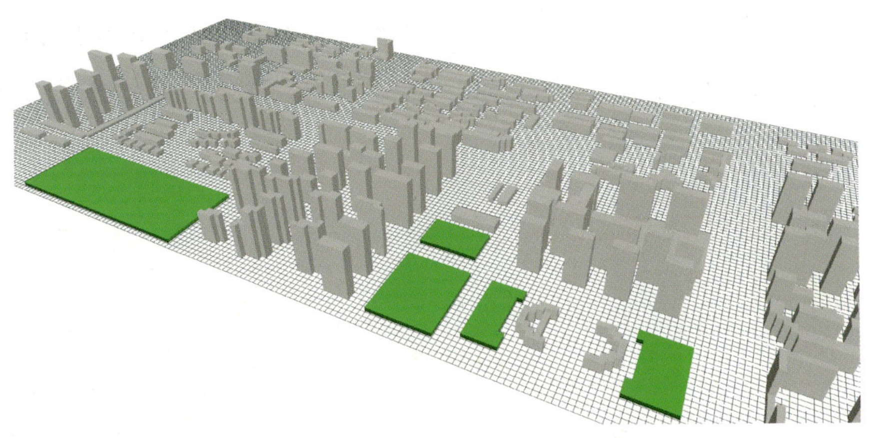

(a) 优化前街区模型

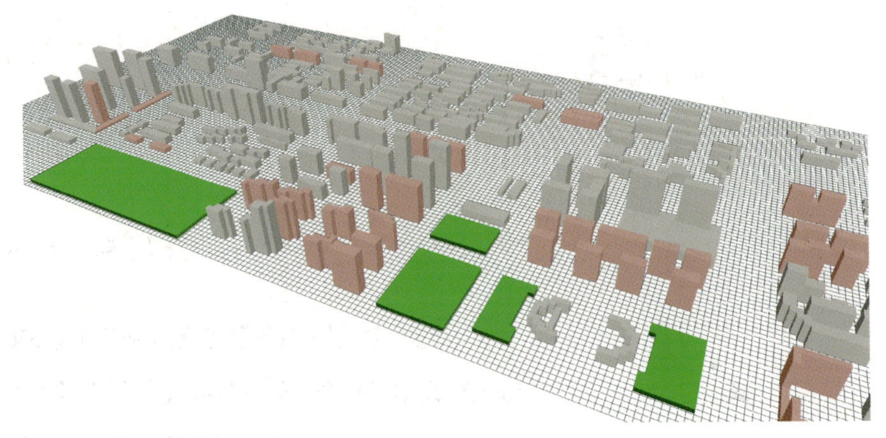

(b) 优化后街区模型

图 6-10 街区优化方案构建前后对比

优化方案主要基于建筑空间形态的调整，而污染物排放量、植物绿化、气象条件等环境影响因素均保持不变，以便通过单一变量对街区优化方案进行比较研究。其中主要包括：① 在背风面建筑高度远高于迎风面建筑高度的情况下，通过降低背风面建筑高度来降低建筑高度比；② 通过在高层建筑密集区域进行高度控制及建筑间距的增加来降低街谷高宽比；③ 在沿街建筑过长的情况下，对其进行分段式处理，控制街谷长宽比，增加建筑山墙间距。

6.3.2 优化模拟验证

街区优化策略对于加快街区污染物的扩散稀释、降低街区 $PM_{2.5}$ 质量浓度是切实可行的，对于城市居民健康也起到积极作用。通过 ENVI-met 模拟，可以得出夏季街区优化前后 $PM_{2.5}$ 质量浓度差异。如图 6-11 所示，街区优化前后 $PM_{2.5}$ 质量浓度出现显著差异，各区域 $PM_{2.5}$ 质量浓度普遍降低，最高可降低 6.03 μg·m^{-3}。

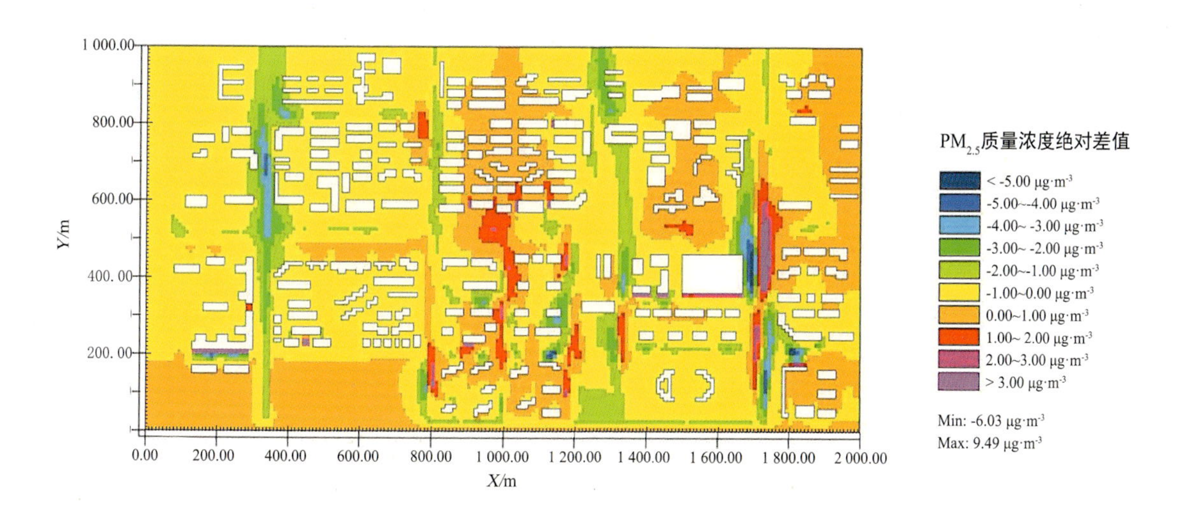

图 6-11　夏季优化模拟前后街区 $PM_{2.5}$ 质量浓度差异

各监测样点 $PM_{2.5}$ 质量浓度前后差异如图 6-12 所示，可以看出大部分监测样点 $PM_{2.5}$ 质量浓度有不同幅度的降低，仅 F、I 点 $PM_{2.5}$ 质量浓度略微升高，但其幅度相对较小。其中 N 点优化前后 $PM_{2.5}$ 质量浓度差异最大，降低 3.3 μg·m^{-3}，各监测样点（除 F、I 点）平均降低约 1.11 μg·m^{-3}。

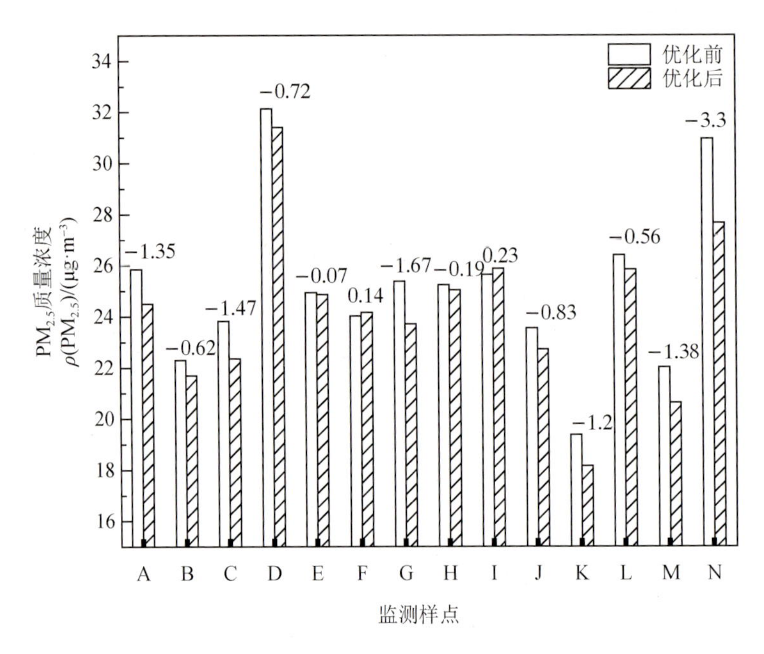

图 6-12　夏季优化模拟前后各监测样点 $PM_{2.5}$ 质量浓度差异

如图 6-13 所示，街区秋季优化前后 $PM_{2.5}$ 质量浓度出现显著差异，各区域 $PM_{2.5}$ 质量浓度普遍降低，最高可降低 10.36 $\mu g \cdot m^{-3}$。

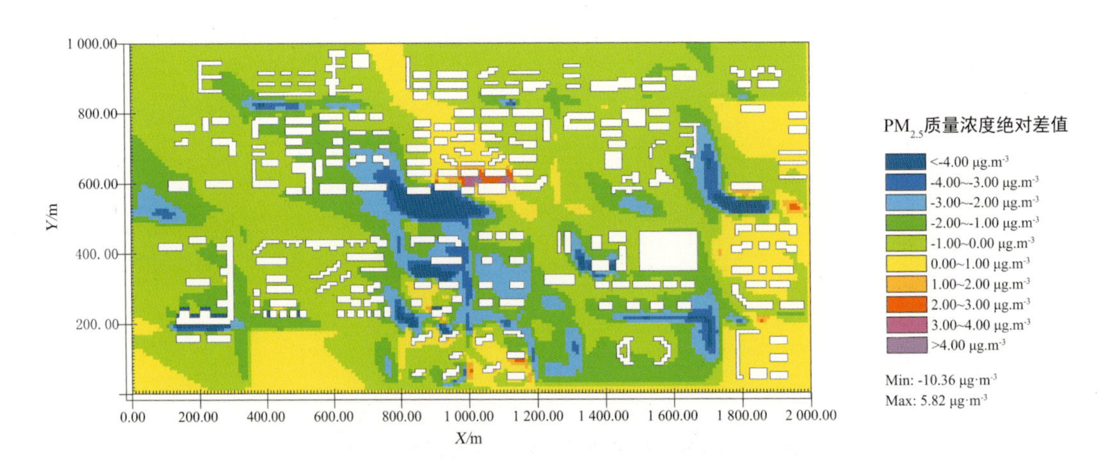

图 6-13　秋季优化模拟前后街区 $PM_{2.5}$ 质量浓度差异

秋季各监测样点 $PM_{2.5}$ 质量浓度前后差异如图 6-14 所示，可以看出各监测样点 $PM_{2.5}$ 质量浓度均有不同幅度的降低。其中 E 点优化前后 $PM_{2.5}$ 质量浓度差异最大，降低 2.90 $\mu g \cdot m^{-3}$，各监测样点平均降低约 1.55 $\mu g \cdot m^{-3}$。

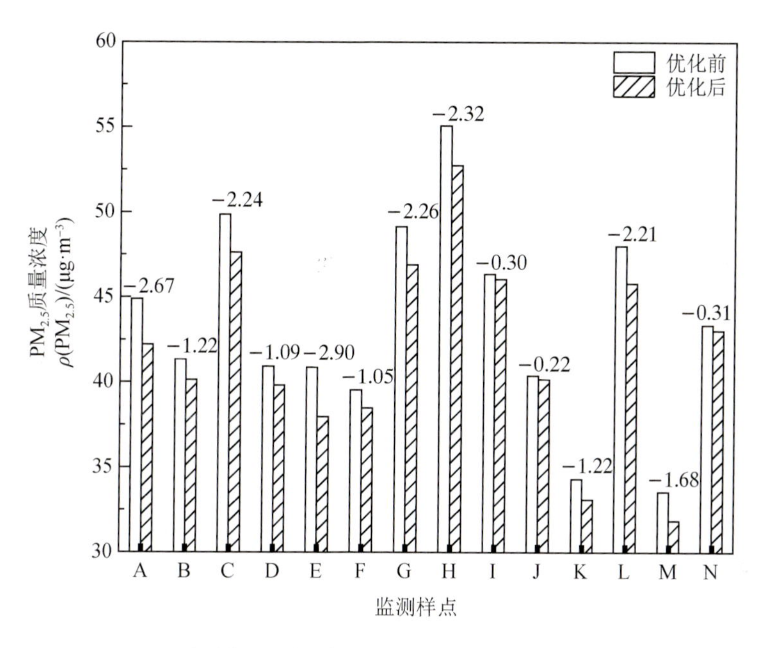

图 6-14　秋季优化模拟前后各监测样点 $PM_{2.5}$ 质量浓度差异

如图 6-15 所示，街区冬季优化前后 $PM_{2.5}$ 质量浓度出现显著差异，各区域 $PM_{2.5}$ 质量浓度普遍降低，最高可降低 18.86 $\mu g \cdot m^{-3}$。

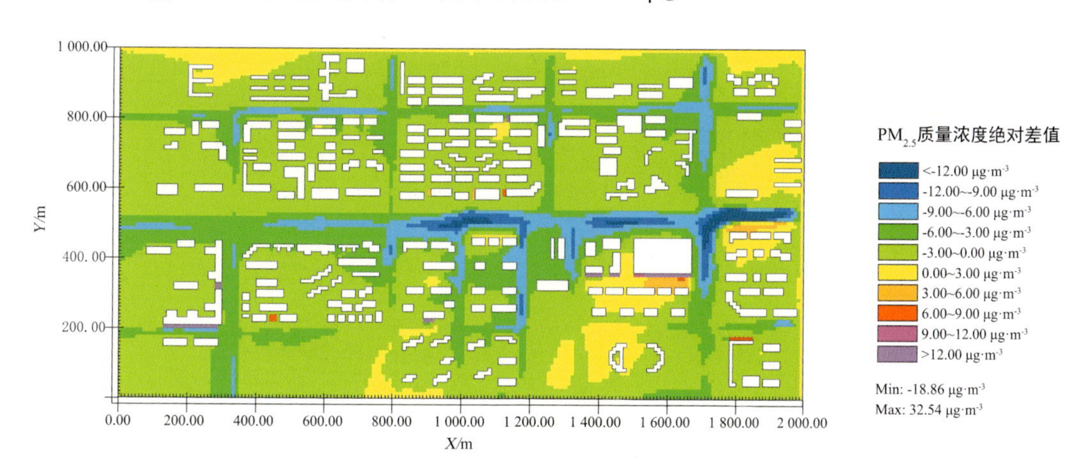

图 6-15　冬季优化模拟前后街区 $PM_{2.5}$ 质量浓度差异

冬季各监测样点 $PM_{2.5}$ 质量浓度前后差异如图 6-16 所示，可以看出大部分监测样点 $PM_{2.5}$ 质量浓度有不同幅度的降低。其中 L 点优化前后 $PM_{2.5}$ 质量浓度差异最大，降低 16.46 $\mu g \cdot m^{-3}$，K 点 $PM_{2.5}$ 质量浓度升高，其余各监测样点平均降低约 4.38 $\mu g \cdot m^{-3}$。

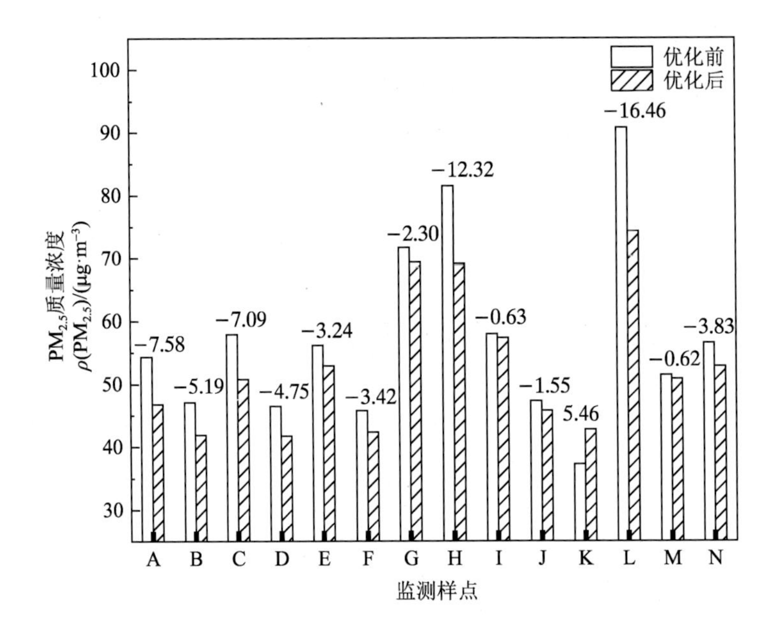

图 6-16　冬季优化模拟前后各监测样点 $PM_{2.5}$ 质量浓度差异

6.4　优化策略

6.4.1　宏观层面：适应空间，引导规划

国际、国家和区域等大尺度下污染物的研究重点在于分析区域建成环境布局及其周边生态环境的关系，引导区域性联防联控规划，减缓跨区域污染物传播。

对于宏观层面城市污染物，在“天不帮忙”的情况下应主动适应，以“人为努力”来积极引导建成环境的规划工作。政府间气候变化专门委员会（IPCC）第六次评估报告第二工作组的贡献显示[64]，土地利用和土地利用变化成为几乎所有旨在将全球变暖限制在 1.5 ℃的缓解途径的关键。预计全球气温的升高，甚至升高 0.5 ℃都会影响建成环境与人类健康，如加剧城市热岛效应、影响粮食安全、加剧城市贫困等。宏观层面要深入贯彻生态文明思想，以减污降碳、协同增效为总抓手，以改善生态环境质量为核心，以精准治污、科学治污、依法治污为工作方针，统筹城市建设、污染治理、生态保护、气候变化等关键点，强化智慧城市的科学管理性能，努力建设人与自然和谐共生的建成环境。

因此，构建区域间细颗粒物联防联控机制，疏导大城市人口集聚问题，优化产业结构资源配比，有利于从宏观政策上控制和优化城市结构。此外，城市街道峡谷的上一层级行政机构，要坚持生态优先、绿色发展理念，不断厚植高质量发展的生态底色，为城市居民的呼吸健康谋福祉。

6.4.2　中观层面：建构形态，落实布局

省、市、区等中尺度下污染物的研究重点在于建构城市形态、通风廊道和污染物防控等关键节点，落实城市用地功能结构和空间形态布局，提出城市不同功能片区的污染源排放控制方案。

中观层面城市污染物的“控制—疏散—消解”满足“源—流—汇”理论[67]。“源”是指确定区域内点状污染源和线状污染源，远离点状污染源，控制线状污染源的排放，如提高汽车尾气的排放标准，优化城市用地功能结构等。“流”指优化建筑结构，根据城市空间形态布局合理规划城市通风廊道的建设，使城市中的建筑与空旷区域形成通风通道，这将引入冷空气改善城市热岛效应，有效疏解污染物，降低污染物浓度。“汇”指增加城市蓝绿空间等正指标因素，主动吸附、沉降和消解城市大气中的污染物。

街道峡谷朝向与风向平行时，不能作为清洁空气的输入通道，而是作为污染物的汇集空间。因此，在街道峡谷的设计中，不应将其作为新风通道，而应将其作为排污通道。这就要求在进行城市用地布局时，适当规划开敞的绿化空间，作为城市新鲜空气的进气通道。城市的通风系统应该由“给风系统”和“排风系统”两个子系统构成。给风系统以开敞的绿化空间、河道为主，适宜布置在城市主导风向的上风口；排风系统则应以城市交通干道、街道峡谷为主[63]。

（1）优化污染防控区域结构

不同的城市用地功能结构，对城市街道峡谷细颗粒物污染的影响差异很大。城市空气污染源主要来自工业用地和交通用地，其数量多且排放量大；此外，商业用地、市政用地和物流仓储用地也是城市空气污染的隐患用地，其数量和排放量都不确定[68]。对于工业用地、交通用地等城市污染防控区域，要因地制宜，合理优化其功能结构。

对于城市工业用地，建议引入高新技术企业，严格把控轻污染型工业用地，

不建议新增重污染型工业用地，这是城市高质量发展的内在要求。对于城市工业遗产，应以再利用的方法推动城市工业用地的空间转型，以促进城市产业结构的调整；同时，也要有长远考虑和周全谋划来解决工业企业的去向问题。

对于城市交通用地，要合理引导多样化的交通出行方式。对于交通型街道峡谷，应推行机动车快速出行，保障通行安全便捷，以减少街道峡谷内的机动车拥堵带来的碳排放问题；对于居住型街道峡谷，非必要通勤市民应避免在工作日高峰期出行，应考虑街道峡谷内的交通量、承载量，使用步行、骑车、公共交通等环保出行方式，减少细颗粒物对人体呼吸健康的危害。

（2）合理规划城市通风廊道

相关研究显示，沿盛行风向的廊道风速较大，能作为有效的通风廊道；而与盛行风向垂直或夹角较大的廊道风速较小[72]。因此，在城市规划中应合理规划街道走向，充分利用与盛行风向平行的廊道或近似廊道空间。相较于河道、公园、高速路等主要通风廊道，街道峡谷可作为城市街区的次级通风廊道，引导城市通风，减少城市细颗粒物污染。

合理规划城市通风廊道，主要在于规划建筑的布局方式。降低城市地表粗糙度，利用气压差引起城市边界层气流的流动，能有效促进细颗粒物的扩散。如增加街道峡谷附近建筑的错落度，并以上升型街道峡谷为主，这有利于城市街道峡谷内的热空气上升，使细颗粒物通过城市通风廊道扩散，如图 6-17 所示。减小迎风面的建筑面积，使板式长条形建筑的长边与城市主导风向平行，增加街道峡谷的街道宽度等，如图 6-18 所示。除此以外，较高的天空开阔度也能有效缓解城市居民暴露于细颗粒物中的问题，如设计城市广场和城市公共绿地，对街道峡谷使用较小的高宽比和较大的 SCER 值，在城市主导风向上规划层高较小的建筑等。

图 6-17 以上升型街谷为主

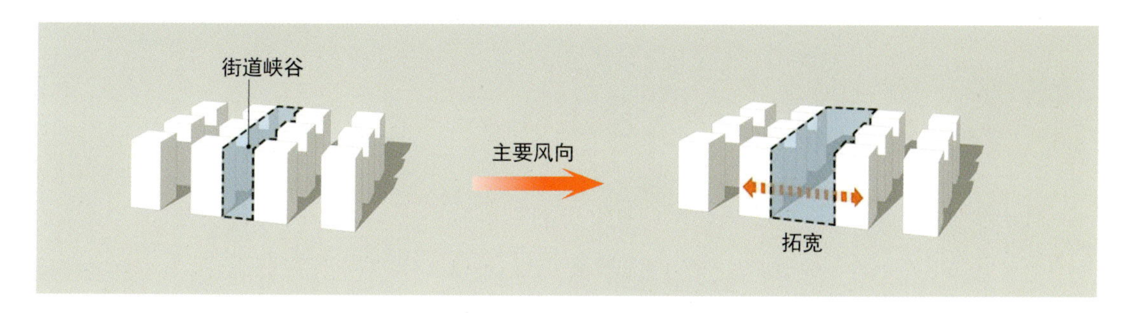

图 6-18　增加街道宽度

(3) 增加街道峡谷蓝绿空间

相关研究显示，改善城市通风的途径除了合理规划建筑布局方式外，降低街道峡谷内的空气温度也是重要途径之一[73]。通风廊道可以引入冷空气来改善城市街道峡谷的热岛效应，但是在实际的城市建设过程中，不太可能改变河道和山体的位置及走向，只能进行河流的生态修复与山体景观绿地的整体设计[74]，生态修复工程能使蓝绿空间的土地覆盖发生显著变化[75]。因此，从风景园林学的视角出发，增加街道峡谷的蓝绿空间比率，能有效降低或维持街道峡谷内的空气温度，减缓热岛效应和细颗粒物污染等问题。但是，值得注意的是，单纯强调大尺度的绿地吸附作用，而忽视树木对局部空气动力学的影响，也会导致局部污染物浓度的升高[76]。

增加城市街道峡谷蓝绿空间等正指标比率，能有效改善城市热环境。一般而言，城市“蓝色空间”指河流、湖泊、水库、池塘、滩地、湿地、沼泽等水体，“绿色空间”指农田、山体、森林、草地、公园、绿廊等开放空间。而对于中观层面下的城市街道峡谷而言，可以通过耦合蓝绿空间来减少人工和不透水地面，通过乔灌草组合搭配吸附细颗粒物来减缓污染[77]，如图 6-19 所示的增加绿地与水体等。城市中的江河、湖泊、运河、水库等作为“冷源”，不仅会降低空气温度以缓解城市热岛效应[78]，还会增加空气的相对湿度，增加颗粒物的重量和表面吸附作用，促进颗粒物的干沉降和湿沉降，从而降低大气中颗粒物的浓度[79]。如果说通风廊道的作用是疏解细颗粒物，行道树形成的“绿廊”的作用则是消解细颗粒物。因为开挖人工湖增加水体面积成本较高，增加街道峡谷内的行道树则不失为更切实可行的办法，如图 6-20 所示。

图 6-19　增加绿地与水体

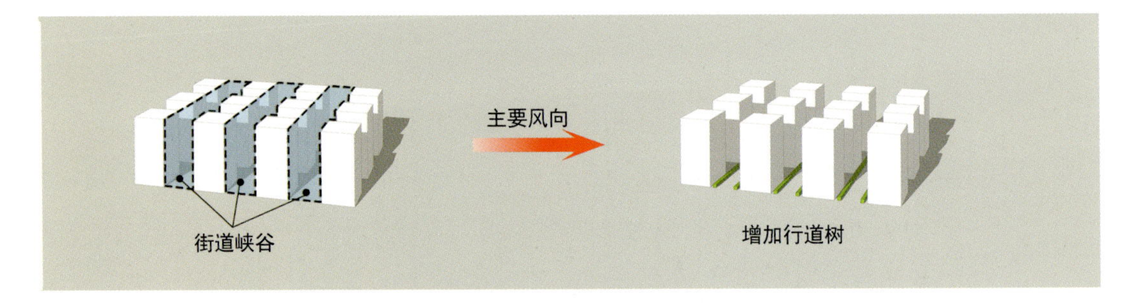

图 6-20　增加行道树

6.4.3　微观层面：创造要素，优化方案

街区、街道峡谷和建筑等微观层面的研究重点在于创造人本视角下的建成环境要素，探讨切身关乎居民生活的建筑空间形态，优化计算机模拟方案，更新城市既有街道峡谷形态，并为城市新区设计提供预选方案。

微观层面城市污染物以分析其时空分布为起点，以基于污染物分布的城市街道峡谷的更新与建设为终点。优化交通设施建设，针对空气质量较差时间段，明确重点区域的重点任务，积极稳妥推进城市污染物的防治工作。通过人工智能的方法精准计算城市污染物的时空分布特点，以缓解城市居民暴露于污染物中问题为视角改善街道峡谷的空间布局。

（1）建筑底层架空

城市商业型街道峡谷一般由高层建筑及其底部裙房、公园或广场、街道等组成，当商业型街道峡谷底部密集连接时，形成了大面积的平台式建筑，底层相连的裙房会阻碍外界气流进入街道峡谷内部，从而造成街道峡谷内细颗粒物的累积。因此，针对商业型街道峡谷，应避免形成围合度较高的空间界面，如图 6-21 所示，设置骑楼等空间，使建筑底部裙房与商业广场等空旷区域相连，形成通风廊道，进而促进街道峡谷空气流通，减少峡谷内细颗粒物污染。

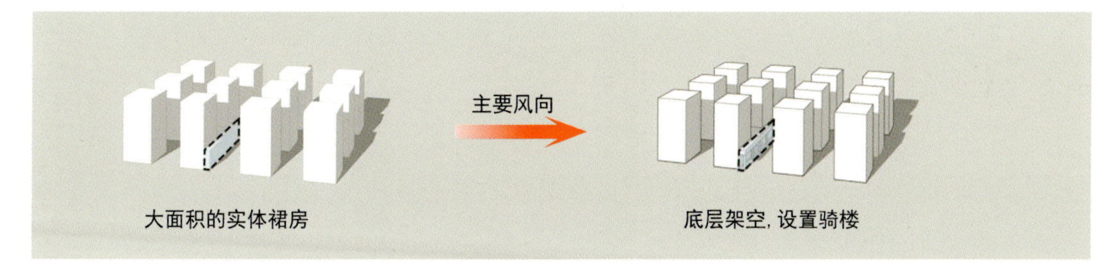

图 6-21　街谷增加骑楼

（2）增加垂直绿墙

对街道峡谷进行微更新时，居住型和工业型街道峡谷通过增加垂直绿墙，利用植物的呼吸蒸腾作用来吸附细颗粒物，或使细颗粒物沉积在其培植基质中，以改善空气质量，如图 6-22 所示。垂直绿墙作为一种创新绿化技术，集建筑结构、植物景观、建筑材料功能于一体[81]，不仅可以隔热、保温、降噪、提高建筑热湿稳定性、降低建筑能耗，而且在高密度城市街道峡谷中还能有效吸收空气中的甲醛、TVOC、细颗粒物等有害物质，释放负离子，从而改善室内外的环境质量[82]。

图 6-22　街谷增加垂直绿墙

参考文献

[1] 国家统计局. 新型城镇化建设扎实推进 城市发展质量稳步提升——党的十八大以来经济社会发展成就系列报告之十二[EB/OL]. (2022-09-29)[2023-04-20]. http://www.stats.gov.cn/xxgk/jd/sjjd2020/202209/t20220929_1888803.html.

[2] 朱彤,万薇,刘俊,等. 世界卫生组织《全球空气质量指南》修订解读[J]. 科学通报,2022,67(8):697-706.

[3] 杨春,谭少华,李梅梅,等. 健康城市主动式规划干预途径研究[J]. 城市规划,2022,46(11):61-76.

[4] 李春聚,王婵媛,姜乖妮. 健康城市视角下的社区规划策略研究[J]. 建筑科学,2022,38(6):233-239.

[5] 王兰,廖舒文,赵晓菁. 健康城市规划路径与要素辨析[J]. 国际城市规划,2016,31(4):4-9.

[6] 杨世佺. 城市街谷的空间布局对污染物扩散的影响研究[D]. 乌鲁木齐:新疆大学,2020.

[7] 马童,陈天. 公共健康视角下城市街区综合通风效能与规划响应研究[J]. 西部人居环境学刊,2022,37(2):39-46.

[8] 李帆. 多尺度下建成环境对城市 $PM_{2.5}$ 浓度的影响及治理研究[D]. 重庆:重庆大学,2021.

[9] NICHOLSON S E. A pollution model for street-level air[J]. Atmospheric Environment,1975,9(1):19-31.

[10] 周洪昌,杨佩昆,高延令. 城市街道汽车排放物扩散过程的风洞试验[J]. 同济大学学报(自然科学版),1994,22(3):306-311.

[11] 王宝民,柯咏东,桑建国. 城市街谷大气环境研究进展[J]. 北京大学学报(自然科学版),2005,41(1):146-153.

[12] 柳靖. 机动车尾气在街谷中分布规律及其对建筑环境的影响[D]. 哈尔滨:哈尔滨工业大学,2009.

[13] 芦原义信. 街道的美学[M]. 尹培桐，译. 南京：江苏凤凰文艺出版社，2017.

[14] 邓寄豫，郑炘. 街区层峡几何形态与微气候的关联性研究[J]. 建筑与文化，2017(5)：212-213.

[15] VOORDECKERS D，LAVRIKS T，DENYS S，et al. Guidelines for passive control of traffic-related air pollution in street canyons：an overview for urban planning[J]. Landscape and Urban Planning，2021，207：103980.

[16] 刘笑杰，王丽丽，何博汶，等. 长江经济带 $PM_{2.5}$ 时空演变及影响因素分析[J]. 长江流域资源与环境，2022，31(3)：647-658.

[17] 胡泓达. 利用气溶胶光学厚度遥感数据估算 $PM_{2.5}$ 浓度的时空回归克里金方法[D]. 武汉：武汉大学，2017.

[18] 黄丹丹，周敏，余传冠，等. 长三角淳安地区二次颗粒物污染形成机制[J]. 环境科学，2018，39(12)：5308-5314.

[19] 王佳，蒋守芳，刘冉，等. 大气中 $PM_{2.5}$ 污染现状、健康效应及其致炎症机制研究进展[J]. 环境监控与预警，2021，13(5)：31-37.

[20] Health Effects Institute. State of global air 2020[R]. Boston，MA：Health Effects Institute，2020.

[21] Lopez A D，Murray C C J L. The global burden of disease，1990—2020[J]. Nature medicine，1998，4(11)：1241-1243.

[22] 陈宇，姜方平，蒋兆峰. 镇江市大气颗粒物(PM_{10} 和 $PM_{2.5}$)对居民每日死亡率影响的时间序列分析[J]. 现代预防医学，2020，47(14)：2550-2554.

[23] SAHU S K，MANGARAJ P，BEIG G，et al. Establishing a link between fine particulate matter($PM_{2.5}$)zones and COVID-19 over India based on anthropogenic emission sources and air quality data[J]. Urban Climate，2021，38(4)：100883.

[24] XIONG JY，LI J，WU X，et al. The association between daily-diagnosed COVID-19 morbidity and short-term exposure to PM_1 is larger than associations with $PM_{2.5}$ and PM_{10}[J]. Environmental research，2022，210：113016.

[25] 丁金铭. 基于健康城市风环境要素的城市街区空间形态设计优化：以常州市中心城区为例[D]. 南京：东南大学，2020.

[26] 程歆玥. 基于细颗粒物分布特征的城市街道峡谷形态研究[D]. 合肥：安徽建筑大学，2022.

[27] 陈明. 高密度城市住区绿地空气清洁度研究：以合肥市为例[D]. 合肥：安徽建筑大学，2017.

[28] 马晓玲，贾立亭，袁杰，等. 阳泉市区颗粒态污染物时空分布特征及气象因子影响

研究[J]. 环境科学与管理,2022,47(9): 90-95.
[29] 柴晋鹏. 乌鲁木齐市不同街谷空间形态下的交通相关污染物浓度特征研究[D]. 乌鲁木齐: 新疆师范大学,2021.
[30] 崔爱伟,苗纯萍,何欢,等. 基于移动观测的城市街道峡谷大气污染物时空分布特征[J]. 生态学杂志,2022,41(10): 2035-2042.
[31] 卢爽,徐艳萍,胡守明,等. 临沂市 $PM_{2.5}$ 浓度时空分布特征及影响因子研究[J]. 环境科学与管理,2022,47(4): 50-53.
[32] 冯海霞,王琦,杨立才,等. 拥堵环境下道路交通对城市空气质量的影响[J]. 山东大学学报(工学版),2021,51(1): 128-134.
[33] 肖玥伶,孙一鸣,罗金,等. 餐饮油烟排放对大气污染的影响及管控[J]. 环境科学与技术,2021,44(S1): 217-222.
[34] 戴菲,毕世波,孙培源. $PM_{2.5}$ 消减效应导向下的城市绿色基础设施网络优化: 以湖北省武汉市江汉区为例[J]. 风景园林,2020,27(10): 51-56.
[35] 刘稳,黄正东,詹庆明,等. 界面密度对城市街道自然通风和污染扩散影响的数值模拟[J]. 武汉大学学报(信息科学版),2024,49(9): 1672-1682.
[36] 潘辉,王薇,胡春. 城市街道峡谷 $PM_{2.5}$ 时空分布特征与空气质量评价[J]. 住宅科技,2023,43(2): 42-47.
[37] 许建明,高伟,瞿元昊. 上海地区降雨清除 $PM_{2.5}$ 的观测研究[J]. 环境科学学报,2017,37(9): 3271-3279.
[38] 何烽,邵传庆,罗磊,等. 徐圩港区 $PM_{2.5}$ 污染特征与气象因素的相关性研究[J]. 黑龙江生态工程职业学院学报,2022,35(6): 10-16.
[39] 王涛,刘勇,邵田田. 郑州市城区 $PM_{2.5}$ 和 PM_{10} 变化特征及其与气象要素关系研究[J]. 河南大学学报(自然科学版),2020,50(4): 391-401.
[40] 张斌斌,伍文忠,孙丰宾,等. 冬季不同植物配植类型绿地内 $PM_{2.5}$ 致变因素研究[J]. 中国城市林业,2019,17(5): 25-30.
[41] 詹建益,黄观超,周华,等. 华北地区颗粒物浓度时空分布特征及其因素[J]. 自然资源学报,2021,36(4): 1036-1046.
[42] 闫秀婧. 青岛市森林与湿地负离子水平时空分布研究[D]. 北京: 北京林业大学,2009.
[43] 李绪红,吴清海,王晓. 基于GIS的合肥市瑶海区建筑景观格局[J]. 江苏海洋大学学报(自然科学版),2021,30(2): 93-98.
[44] 合肥市瑶海区人民政府. 瑶海概况. [EB/OL]. (2022-02-06)[2023-04-20]. http://www.hfyaohai.gov.cn/mlyh/yhgl/yhgk/index.html.

[45] WANG B Q, LI Y N, TANG Z Z, et al. Effects of vehicle emissions on the $PM_{2.5}$ dispersion and intake fraction in urban street canyons[J]. Journal of Cleaner Production, 2021, 324: 129212.

[46] 杨满场,彭翀,明廷臻.应对机动车尾气污染的临街建筑控制策略研究：以武汉市中山大道街区为例[J].南方建筑,2019(2): 75-80.

[47] HUANG Y D, REN S Q, XU N, et al. Impacts of specific street geometry on airflow and traffic pollutant dispersion inside a street canyon[J]. Air Quality, Atmosphere & Health,2021: 1-20.

[48] 李梦迪,杨会.不同高宽比下二维城市街谷流场数值模拟[J].桂林航天工业学院学报,2018,23(2): 192-198.

[49] 桂艳,王海洋,陈红,等.不同城市绿地类型对 $PM_{2.5}$、PM_{10} 以及 TSP 的消减效应研究[J].西部人居环境学刊,2021,36(5): 50-57.

[50] 贺瑶,韩秀秀,黄晓虎,等.南京市不同功能区冬季大气 $PM_{2.5}$ 分布特征及其来源解析[J].环境科学学报,2021,41(3): 830-841.

[51] 柴晋鹏,陈学刚,赵直.基于移动监测的城市街谷交通相关污染物浓度时空变化研究[J].地球与环境,2021,49(4): 389-399.

[52] 雷林清,崔鹏义,黄远东.街道峡谷形态对污染物扩散的数值模拟[J].上海理工大学学报,2018,40(3): 282-289.

[53] 苗纯萍,何欢,陈玮,等.城市绿地-三维建筑格局对大气污染物的影响研究进展[J].生态学杂志,2022,41(8): 1628-1634.

[54] 周钰.街道界面形态的量化研究[M].北京:中国建筑工业出版社,2018.

[55] 高海宁,李元征,韩风森,等.城市街道峡谷通风与空气污染研究进展[J].世界科技研究与发展,2017,39(4): 363-371.

[56] HASSAN A M, ELMOKADEM A A, MEGAHED N A, et al. Urban morphology as a passive strategy in promoting outdoor air quality[J]. Journal of Building Engineering,2020,29: 101204.

[57] 杨方,钟珂,亢燕铭.街道峡谷对称性对污染物扩散的影响[J].中国环境科学,2015,35(3): 706-713.

[58] PAPP B, KRISTÓF G, ISTÓK B, et al. Measurement-driven large eddy simulation of dispersion in street canyons of variable building height[J]. Journal of Wind Engineering & Industrial Aerodynamics, 2021, 211: 104495.

[59] HE B J, DING L, PRASAD D. Enhancing urban ventilation performance through the development of precinct ventilation zones: a case study based on the Greater

Sydney, Australia[J]. Sustainable Cities and Society, 2019, 47.

[60] 李亦晨.良好通风环境导向下的步行街道绿化空间布局研究：以重庆市六个街道的实训与模拟为例[D].重庆：重庆大学,2020.

[61] 陈琳涵.基于 ENVI-met 的不同尺度城市绿地冷岛效应研究[D].北京：北京农学院,2021.

[62] 孙圳.基于街道 $PM_{2.5}$ 分布的街谷空间形态设计策略研究：以合肥市淮河路步行街区为例[D].合肥：安徽建筑大学,2021.

[63] 邱巧玲,王凌.基于街道峡谷污染机理的城市街道几何结构规划研究[J].城市发展研究,2007,14(4)：78-82.

[64] 政府间气候变化专门委员会专家组.第六次评估报告的综合报告[R].日内瓦：政府间气候变化专门委员会,2021.

[65] 肖建华.省际环境污染联防联控治理的空间逻辑[J].探索,2020(5)：41-51.

[66] 康京涛.论区域大气污染联防联控的法律机制[J].宁夏社会科学,2016(2)：67-74.

[67] 曾穗平,运迎霞,田健."协调"与"衔接"：基于"源—流—汇"理念的风环境系统的规划策略[J].城市发展研究,2016,23(11)：25-31,70.

[68] 冷红,孔凡秋,袁青.基于空气质量分析的寒地城市用地特征研究：研究框架与实证分析[J].建筑学报,2020(S1)：6-11.

[69] 窦光璐,白雪,庞凌波,等.首钢滑雪大跳台:结合工业遗产适应性再利用的冬奥场馆设计[J].建筑学报,2021(Z1)：42-47.

[70] 郭奥,马玥儿,李永慧,等.2013～2020 年合肥市空气质量变化特征及原因分析[C]//陈东辉.第十八届长三角科技论坛环境保护分论坛(上海市环境科学学会 2021 年学术年会)暨上海市环境科学学会第八届会员代表大会论文集.上海：上海科学技术文献出版社,2021：92-101.

[71] 谈五洲,张春菊,唐心悦.合肥市瑶海老工业区搬迁改造实施成效监测浅析[J].智能建筑与智慧城市,2020(8)：88-90.

[72] 张云伟,王晴茹,陈嘉,等.城市街谷内 $PM_{2.5}$ 浓度时空变化及影响因素分析[J].中国环境科学,2016,36(10)：2944-2949.

[73] 张弘驰.基于迎风面积的滨海山地城市风廊发掘及设计策略[D].大连：大连理工大学,2020.

[74] 吴伟,程歆玥,左丹.基于城市双修视角的河流规划策略研究：以忻州市南云中河生态修复工程为例[J].住宅科技,2021,41(9)：7-11.

[75] 杨洁,金继明,邵进,等.黄土高原中部典型流域植被恢复对径流的影响[J].农业

机械学报，2021，52(5)：258-266.

[76] VOS P E J，MAIHEU B，VANKERKOM J，et al. Improving local air quality in cities：to tree or not to tree? [J]. Environmental Pollution，2013，183：113-122.

[77] 王佳，吕春东，牛利伟，等. 道路植被结构对大气可吸入颗粒物扩散影响的模拟与验证[J]. 农业工程学报，2018，34(20)：225-232.

[78] 黄铎，易芳蓉，汪思哲，等. 国土空间规划中蓝绿空间模式与指标体系研究[J]. 城市规划，2022，46(1)：18-31.

[79] 曾元梓，陈奕汝，郭慧娟，等. 城市湖泊湿地建成环境对 PM_{10}、$PM_{2.5}$ 浓度影响因子分析：以武汉市为例[J]. 中国园林，2018，34(7)：104-109.

[80] 黄闯，魏宗财，曹靖，等. 城市通风廊道系统构建及管控探索：以合肥市为例[J]. 上海城市规划，2020(4)：120-125.

[81] 王薇，程歆玥. 垂直绿墙对建筑环境的影响研究综述[J]. 安徽建筑大学学报，2020，28(5)：76-83.

[82] 王薇，程歆玥. 室内垂直绿墙对环境因子时空分布特征影响[J]. 中国城市林业，2021，19(5)：53-59.